U0043904

巷仔口的農藝復興

社區協力農業，開創以農為本的美好生活

台灣農村陣線・社區伙伴／協力
果力文化／主編

導讀序

第一部

●市集&生產聚落型

第二部

導讀序

社區協力農業，找回信任的溫度

文／林樂昕　台灣農村陣線研究員

近年食安連環風暴使人惶惶不安，「到底還有什麼東西可吃？」是我們共同的疑問。有越來越多的社會大眾開始關注飲食與農業議題，希望尋找友善安心的農產作物；伴隨著近年網路與物流產業的發展，大家對於「揪團網購」也十分熱衷，所以在網路上尋找另類的產銷管道，不管是直接向農民買或是友善的中間通路，購買安心無毒的當令新鮮果菜或傳統手作加工品，都是很夯很潮的現象。

而這些事情，與這本《巷仔口的農藝復興》所要談的「社區協力農業」，又有什麼關係呢？

食安問題層出不窮，安心飲食何處尋？

我們還是得從食安問題的源頭談起。現代化、快捷、便利的都會生活，以最有效率與經濟利潤的方式，滿足我們各種生活需求，例如我們只要到超商，二十四小時都有調理食品可飽腹；又如我們到超市，全球農糧體系亦以驚人的低廉價格，打破歲令時節與地理條件，常年供應各種農糧果菜與食材。

但是，方便的代價是失去——我們失去的是掌握食物生產的自主權。巨量的食物里程、高度精細的片斷化分工、精美的包裝，替代了掂斤秤兩的人情溫暖，食物不再具有信任的溫度。就和其他生產線上的工業化產品差不多，食品也變成一種盡量壓低成本以求利潤最大化的商品。

食安風暴不斷，逼使我們開始正視食物生產的真實過程，那是我們在餐桌上不敢面對的真相——為了有穩定的供銷，「單一作物的大規模耕種」是農企業追求利潤極大化的生產方式，大量化肥讓作物加速成長、收成，提高農地的「翻桌率」；大規模的種作造成生態失衡，因此更需施灑大量農藥抑制害蟲、保持作物外表的美觀可口，於是農藥殘留的事件屢見不鮮。現在，我們更知道加工食品為了保持口味與保存期限，各種非食用的化工添加物，也被我們大口吃進肚子裡而累積在體內。不論是生態環境、農業生產、食品加工、全民健康、農民勞動權益……這些環節都是絲絲扣連，彼此反饋又相互影響。這個負面的循環有可能解開嗎？

有的。社區協力農業雖然不是神妙的萬靈丹，卻能提供一些我們思考與實踐的啟發。

社區協力農業：重新建立社會的連結

簡單來說，食安問題的根源是生產與消費之間「斷裂」，是資訊的斷裂也是關係的斷裂。而社區協力農業，就是一個重新建立連結的過程。在這個新的連結裡，農夫以環境友善的自然農法耕作，維護生態永續的農業生產環境，消費者則予以生產者直接的支持，從而形成良好的互動關係。事實上，互惠合作一直是我們傳統經濟的生活重心，所謂的「交工」、「留田角」，都是鄉鄰日常生活文化的一部分。只是隨著都市化與全球市場的拓展，這種彼此嵌合的勞動生活已成明日黃花。社區協力農業說起來也不是什麼大不了的學問，不過就是找回社群經濟的合作模式。

社區協力農業雖然定義簡單，實踐的面貌模樣卻有百百款。社區協力農業在光譜上一般有兩個極端：一是農場要求縠東支援農事，以投入勞力替代現金交易，共同分享收穫與承擔風險；另一種則類似「預購會員制」，農民們安心生產，不用擔心收成後產銷失衡的問題。前一種「勞力支持」模式，可以讓縠東充分參與農事、接觸土地，但這對大部分的消費者而言，門檻較高；後一種「會員預購」模式，對消費者來說易於接受並樂於支持，但與農場以及土地的連結往往不深。大部分的個案，就落在上述兩種極端的中間。

在本書中，台灣至少已經發展出七種社區協力農業的模式，不管是穀東預購、社區訂購一籃菜、消費者的共同購買、托兒所使用在地食材，都共同編織出社區協力農業的多元光譜。或許是社區協力農業的概念對台灣民眾還太過陌生，在食安風波下，雖然有越來越多消費者開始關注更健康的購買管道，也出現各種協助小農的中介平台，但若更積極地實踐另類經濟的合作模式，我們還有很長的路需要摸索。

不過台灣幅員不廣，社群的連結相當容易，較諸國外社區協力農業的發展，我覺得台灣在「社群連結」上有相當特出的表現。除了生產者，還匯聚各種民間力量集結、協力農事生產，例如：新竹千甲聚落在工研院的支持下，摸索「最適科技」在生態農業上的應用；台東聖母醫院透過教會網絡，讓友善農產成為偏鄉發展的新機會，甚至與高職合作，發展板豆腐的木工技術，傳承工藝技術也同時倡議雜糧復耕。此外，各地農會、鄉公所、消費者合作社、社會企業、ＮＧＯ民間組織……也都是這一波新農業運動的重要推手。

我很喜歡史蒂·吉爾曼（Steve Gilman）在〈我們的故事〉（Our stories）談到「社區協力農業」的多樣性：「社區協力農業就像葡萄或大蒜一樣，它的味道、氣息與整體感覺來自它所成長的土壤，恰如其分地適應每個特殊的環境。」畢竟社區協力農業不是緊箍咒或是檢驗試紙，「到底什麼是社區？如何協力？什麼算是農業？」這些根本性的問題，都在全球各地的不同脈絡下，各自展開活潑的辯論與行動。而大家若想了解台灣的情形，不妨仔細閱讀本書中的各種案例，這些案例如同敲門磚，帶領我們直驅台灣社區協力農業的前線現場。

大家看完本書之後，可以揪合購、認穀、加入消費合作社，甚至就試試到農村幫農援農、共耕同食……如果能夠持續社區協力農業的夢想與各種方案，我們自己就是扭轉飲食系統與食安危機的關鍵角色！

導讀序

生活起義：創造另一種關係的可能

文／鄧文嫦　社區伙伴項目統籌

二〇〇四年夏天，在四川若爾蓋草原顛簸而行的大貨車上，我和同伴舒萌緊握著駕駛座後方的欄架，討論在城市中接連城市居民和小農生產者的可能性。那時的舒萌在北京生活，關注草原的沙漠化和人心的荒漠化。而我在香港，因遷居小島生活，開始在週末的農耕體驗中思考食物和生活的意義。如是，我們開始了對創造另一種生活可能性，以及回歸到一種更友善城鄉關係的探索。

這樣的探索必須與真實生活連結，才能讓人通過自己的行動，去帶動真實和深刻的改變。我們想到食物、土地、城市、農村、城鄉共好的農業。我們開始想像生活在城市中的人，可以怎樣與守護大地的生產者重新建立一種相互支持的關係；我們又能怎樣在食物的生產和獲取上，體現更多與自然萬物共生的關係。社區協力農業的概念，給了躍動的心一個行動的出口。

二〇〇五年，社區伙伴開始在北京走訪和連結對探索社區協力農業感興趣的朋友。同年，我們認識了很多同樣在思考三農問題，以及對日漸疏離的社區關係感到焦慮、嚮往回歸簡樸自然生活的同路人。我們碰頭、聚會，並且組織了很多有趣的學習。從二〇〇六年年初開始，我們和這些有共同追求的組織及夥伴，開始了「健康農業實習生項目」，也就是一直持續到現在的「社區支持農業實習生項目」[1]。

1 社區支持農業實習生項目：社區伙伴從二〇〇六年起開始的計畫，為實習生提供永續農業實踐、城市消費者教育，以及推動農民生產方式的轉型等實習空間，並提供相關的培訓、考察機會，同時協助以此為基礎的網路交流與合作。

經過這些年，實習生項目出來了許許多多青年夥伴，他／她們在多元的平台裡以不同的方式建構著這幅城鄉共好、豐盈又靈性的食物地圖。他／她們的足跡踏遍社區、學校、餐館、農夫市集、公益團體、企業、生機小店、網路等。他／她們以細膩的心思和堅定的步伐，築構起一個充滿活力和生長點的綿密網絡。

因著不同的機緣和經驗，他／她們和努力在土地上耕耘的農人，和被觸動返鄉的夥伴一起重建健康的食物體系，也編織起一張探索人與人、人與萬物潤澤共生的關係網。這些實踐百花齊放，各自生長於在地的特殊條件和內生力量，而非相互複製的結果。在中國大陸急速走向城市化和現代化發展的當下，面對傳統鄉村秩序崩潰、人際關係原子化，與以消費帶動經濟發展而造成的環境惡化，我們看到一個又一個社群，創造出另一種生活的可能性。

在這些年的實踐中，我們也看到台灣夥伴以青年返鄉及城市人歸農的方式，建構出新的社會協作關係。在反思糧食主權和重商輕農的發展思路下，青年人重新拾回農耕勞作，述說一套新的生活倫理，應和著在「鄉」的不遠處，無數小農生產者在土地被掠奪後仍努力守護的自主，知足又豐盛的「農」生活。在資本主義深深扎根的香港，青年人集結起來，捍衛在舊區中重建屬於小市民的、相對自主的經濟活動空間，以及深耕多年的鄰里情誼。藉著新一代對城市發展迷思的反思，造就了一幕幕青年歸農的景象。而在這些高調返農的背後，一九九〇年代的香港原來早已有一群人在默默經營著共同購買。在企業資本全球化的年代，開始了這場讓消費者能吃上本地菜，讓生產者的名字能被記起的生活靜默革命。

這些夥伴的經驗都在真實的相遇和文字的碰撞中為彼此的努力帶來滋潤和鼓勵，也一直刺激中國夥伴們延伸想像，以行動去思考：「食物」是如何塑造一代人的生活文化和社會關係；我們又是如何被科技、理性、文明和全球化的發展論述，帶向一種被動和依賴的生產結構和生活方式。個中出路，可以完全取決於個人的意志，讓身心回歸到手作勞動和真實的關係，也回歸到人與自然的和諧。

社區協力農業的探索和踐行，三地有不一樣的社會脈絡。從過去幾年的互動，我們看到相互經驗的差異，看見彼此的發展軌跡，看見當下各自不同的問題面向，也造就了不同的表述和回應方式。但在差異當中，共同的是我們都在回應一個核心，就是關係的重建，生活文化的重新審視，以及建立新的生活倫理價值。這個新的理解，是回歸幸福生活的思考，然後再以每個個體結合到社群的行動，去守護你所相信的。這場生活起義正靜靜發生，悄然為社會帶來真實的改變。

社區伙伴（Partnerships for Community Development, PCD）是一個位於中國境內服務的社區發展機構，沒有任何宗教或政治背景，於二〇〇一年五月由「嘉道理基金會」創辦及資助。「嘉道理基金會」成立於一九七〇年，創辦人賀理士嘉道理爵士一直秉持「助人自助」的信念，而社區伙伴的資助主要出自麥哥利夫人所管轄的基金部分。

社區伙伴相信，不管物質如何匱乏，每個人都有權利和能力與別人、大自然以至整個世界和諧共存，過有尊嚴而可持續的生活。要維持一個和諧而可持續的社區，身心的康健至為關鍵。社區伙伴相信，社區要團結起來，反思社區與大自然的關係，重尋傳統文化的根。

社區伙伴主要工作包括：保護生態環境、推動生態農業、整全健康、傳承和創新鄉土文化、反思主流發展模式、學習和實踐可持續的生活。

導讀序

農，是關於身體記憶，是關於生活文化

文／陳惠芳　香港ＮＧＯ顧問、落地生根研討會協作者

遠方的騷動

形容社區協力農業（Community Supported Agriculture, CSA，也譯為「社區支持農業」）是中港台三地近十年慢慢發展出來的一門顯學，也許有點誇張。但毫無疑問，因不同機緣在不同社區由不同人和機構致力推動下，社區協力農業是近年一股回應主流發展主義的新生公民行動。

在網上搜尋社區協力農業在中國大陸發展的歷史，找到社區伙伴（Partnerships for Community Development, PCD）在二〇〇四年首次跟大陸夥伴一起學習社區協力農業這個舶來品的記錄。究竟社區協力農業緣起自日本還是瑞士還是美國，興許會引來一陣討論。但清楚不過的是，它得以在不同地方生長，甚或落地生根，結成碩壯花果，個中自有玄機。

顧名思義，社區協力農業是面向農業的。在一九六〇、七〇年代，日本和歐美等地義無反顧要跟農業建立關係的，大多是那些質疑主流科學理性文明、批判以資本為上發展導向的城市消費群。他們對農場作出承諾：願意互相支持，分擔生產風險，共享收益，建立本地生產本地消費的社區區域經濟合作關係。個中強調生態和資源的保育、社區情感和文化的承傳，以至共同承擔和分享的社會關係。這不只是一個消費

者運動，不單指向生態和生活的永續關懷，這是一整個世界觀和價值體系的反思和重整。

路彎且長

多年來，社區伙伴跟大陸夥伴們在社區協力農業路上攜手探索，過程不免崎嶇，也走出一些青綠花香小徑。二〇〇四年的中國大陸，宏觀經濟持續高速增長、城市化市場化、城鄉貧富兩極化、三農等問題，浮出歷史地表，赤裸裸呈現眼前。社區伙伴與夥伴們跟著外地社區協力農業的足印，學習不同經驗，嘗試探索如何反思和回應時代的種種叩問。社區伙伴支持年輕實習生在行動中思考，結合年輕力量和小規模的嘗試，既有焦點，也不斷擴寬社區協力農業的思考和想像。慢慢地，社區協力農業成為更多人的選擇和嘗試。年輕實習生一個一個畢業，要試試牛刀，發現前路有大大小小的阻困。然後，出現揭不盡的食安黑心事件，社區協力農業驟然成為救生圈。大大小小的社區協力農業農場、農產品市集和消費者共購組織應運而生。有機有危。社區協力農業光譜一下子變得有點混雜，除了一些努力不懈默默尋索，扎實而細緻的耕耘，還有一些是突然冒起高舉著社區協力農業牌子的規模投資。社區協力農業被簡約成安全食品的質量標籤，是田園生活的浪漫消費……在大陸這塊土壤中長出來個什麼樣的社區協力農業？這些嘗試和努力，回應了當下什麼問題？究竟將走向何方？

社區伙伴的姊妹機構「香港嘉道理農場暨植物園」（下稱嘉道理農場）一直致力支持香港農業，於二十一世紀初開始在香港推動社區有機大使、社區農圃以及城市農墟等等活動。是關於（城市人）陌生的農業、是關於城市發展、是關於兩者的互動、是關於有別於主流生活的可能性……在不同的地方，不同的個人或群體，走著，埋頭做著，生活細碎，外頭疾風暴雨，一不小心也許就會迷失方向。近年，都市發展越加急速凌厲，村落因興建高鐵被迫拆遷的事件，給香港人一記當頭棒喝。無論機構和夥伴，都感到是時候好好沉澱經驗，思考一下，下一步該如何走？

從社區協力農業再出發

名正言順。社區協力農業這個概念和翻譯，究竟能否涵蓋刻下的努力和追求？這些年來，他山之石換上新裝，融入本土脈理。有人琢磨修正社區協力農業這個翻譯：因為在CSA中，「C」和「A」是雙向合作支持的關係，不是一方站在道德或社會經濟高地，向另一方施加扶持和支援。我們看到雙方以至各方一起做農。如是，協力亦可改為互助、合作……等等。有人覺得社區這個說法不夠清晰明確，不同社區除因地緣或利益組合外，還必須共享一些理念，指向包含人與人、人與土地和自然的生活文明價值。如是，社區該改寫為社群，或者是「以農為本」的社區、或者乾脆不叫社區……有人感到農所蘊含的內容應該更豐富，不只是生產者或接受支持的對象，而是反過來，是照顧、支持和豐富城市生活文化的來源。如是，這個翻譯該寫成農業支持社區、城鄉共好、提攜……等等。有人早從農場加消費者的簡單運作，衍生出超越買賣的互動平台……有人強調社區協力農業是要建立另一種供需關係，另一種社會秩序，是要在「每一天生活」中反思，並用行動去改變，就正如六〇年代日本消費者運動提出的生活革命——要在日常生活中活出／活著心中的理想。

生計在地，生活回歸

有認為人類身體中本來就有跟土地聯繫的基因。所以，城市人（因為離開土地）總有鄉愁：近鄉情怯，社區協力農業回應了鄉愁這個核心問題。在大陸和台灣，鄉的觀念很重，為根之所在；離開後，鄉就出現。過去也有城鄉互動，大勢卻是單向的城主鄉客不平等的關係。當「農」的主體出現，重新掌握對土地的話語權，小農身分進入社區協力農業的論說中，這種城鄉互動，遽然開豁，枝繁葉茂花果盈碩。相對大陸和台灣，香港只有鄉郊，「回鄉」的感情也許是更純粹的，一種身體的原始呼喚，是一份社群關係以及自己內心濃重的疏離感在發酵。這些年，我們看到城中原來也可以有「鄉」，回應內心對自然、對有厚度的關係的願念。我們看到「城鄉」可以更為鬆動，就像有朋友說的「水泥屋子鬆了，可以築起木房子」。在香港中環天星碼頭，在台灣台北心臟地帶的一〇一大廈旁，每星期有人頭鑽動的農產品市集，農夫與消費者快樂相聚。消費者和生產者不只是二元的買賣關係，城鄉沒有邊界，身分是流動的，農是一種選擇，正如「半農半X」裡面的「X」是開放的，大家共同分享對土地對自然對生命的謙卑和尊重。此刻，再回到社區協力農業，我們看到社區和社群原來不單是住在同一個地域的人和自然，也是一群擁有或追求或關心或思考共同課題和生命價值的人群，他們正在用不同方法，協力朝這個方向走去。

主體互動轉換協力，在土地上流淌漫溢，形成美麗多姿的圖案。永續栽培（permaculture）提醒我們向大自然中恆久美麗的圖案學習——蜘蛛在樹丫間結的輕絲網、雪花的排列……等等，這是大自然的語言，展示能量流動匯聚的穩定和諧狀態。從日本歐美等地的社區協力農業，我們學到共同購買、市集、消費者合作社……等等。這些互動大部分都是小而美，強調在地互助、協力、合作……個中流轉的除了物質外，還有身分價值、感情、生活方式和文化美學……生產自己生活需要的，以及可互相交換所需要的。生計在自己手中創造，生計在每天的生活中重整。

——本文改編自「是關於身體記憶，是關於生活文化」一文，原刊於《落地生根：社區支持農業之甦動》

小農耕作，野地開花

文／蔡培慧　世新大學社發所助理教授、台灣農村陣線發言人

二〇一〇年十一月十四日，當全台灣的農民在稻田上，手割「土地正義」四個大字，身在其中打著赤腳的我感受到，「土地正義」的大字不只彰顯在美濃的田地間，它彷彿某種集結、某種象徵，重重地擊向遠方，形成多重超越的力量。

一篇文章以此落筆，免不了要招致許多朋友的奚落：你怎麼愈來愈不進步？是的，讓我們從「進步」談起。往往在我們正面接受物質生產力的提升、正向肯定生產力價值的同時，無形中也就接受了某種標準，藉此檢驗或者安置我們所處的社會生活型態，以及支持此一社會生活型態的生產方式。正典的認識與追求，讓我們取得理解世界的座標，同時也讓我們習於或安於某種社會生活型態；但凡無法安置或者無法理解的社會生活型態，要不，我們稱其為保守，要不，我們視之為異端。

「農鄉認同」、「小農耕作」或許就是被視為保守的那一邊。論者冠以「浪漫」、「懷舊」、「鄉愁」（Nostalgia）來理解「小農立場」，但與其不假思索地認為小農耕作是「明日黃花」，不如讓我們重新理解當代資本主義的生產關係與矛盾。

小農耕作，人與自然的互惠共生

支持現存高度消費的生產方式，是建立在「資源不竭」的假設之上。如今我們都知道這個假設是不可能的了。隨著物質生產力的進步，地球資源正面臨耗竭，而長期以來不加節制的生產擴張，也改變了地球

環境氣候的運作基礎。可以說，現行的社會生活型態根本不可能持續存在，倘若我們不從根本去思考如何抑制生產擴張，很可能危及我們所生存的社會。

問題的解答，不可因循造成問題的方法，因而工業革命以來的「生產擴張」必須被揚棄，轉而尋求「生產循環」之道；而與自然環境互惠共生的「生產循環」，證諸人類歷史，農耕以及相生相成的農耕文明或許可以帶給我們借鏡，尋思當代的路徑與方法。

「小農耕作」可以學術地稱之為「家庭農場最適規模」，它具有幾個特徵：

- **以小農為主的生產模式：**即以家庭農場為基礎，家庭成員為主要勞動力，兼或聘雇少數勞動者；耕作面積以最適規模為主，因農耕作物、友善生產等因素，差異介於零點五公頃至十公頃之間。農業生產領域內進行家戶耕作（family farming）以維持簡單再生產（simple reproduction），並將全部或部分的產品與加工品於市場進行交換。
- **以家戶為單位：**這意味著家戶做為經濟生活（生產與分配）的基礎。過去，家戶的組成通常是血親連帶，如何開展出某種因「認同」與「自主選擇」而創造出的新家戶型態，是現今另一個需要努力的焦點。
- **小規模的社會協力：**家戶生產受制於勞動力與家庭生命周期，農耕尺度自然有所限制，同時也無法獨立面對家庭以上的社區（社群）公共性事務，諸如水利、運銷，以及社會文化慣習的要求與禮俗。因而，我們必須發展多元活潑的協作模式，鼓勵多元的生產方式，以及相應而成多方連結的社會關係，千萬不可執著於某種單一模式，或者單一的社會連結，即使它已經運作的非常成功。
- **因需要而生產：**小農耕作的特點在於因需要而生產，當然也可能因為無法適切地滿足需求，必須加強勞動，而處於自我剝削的狀態。此一供需的邏輯絕不可忽略，但它所引導的生產面向與生產規模，必然相異於以追求利潤為動力的生產擴張，因此比較有機會在有限資源與理解自我需求的前提下，建立起生產循環的模式。

同樣地，小農社會也存在著諸多限制與挑戰，等待我們突破：

●**反省「性別」與「年齡」階序的限制：**累世的社會關係往往形成強固的規範，從而限制了個體的能動性與自主發展，過往的經驗中，性別與年齡階序的限制無所不在。因而，當我們取法小農耕作的多元協力，從而主張以家戶為生產單位之際，也必須經常檢視作用於傳統家庭關係、並且映射為社會慣習的父權體制所形成的張力，並找出妥善對應之道。

●**來自「農業貿易自由化」的挑戰：**小農耕作無法自外於當代的政治經濟結構，即便是台灣歷經土地改革、平均地權，建立農會、農田水利會、農改場等半公共化的農事服務體系，都未必能確保小農體制的存續。證諸一九八〇年代中後期迄今的發展軌跡，台灣農業貿易自由化的腳步、國家資源朝著農業規模化／市場化移動、外部資本趨利而競逐農業生產與食品加工等情勢，都使得台灣的小農耕作體制岌岌可危。

●**「農的意識」有待積極拓展：**自國家發展主義以降，強勢單一的線性發展觀、獨尊ＧＤＰ成長的經濟思維，作用於教育體制、傳媒乃至於家庭世代傳承的價值選擇，使得農民、農村、農業被化約為「傳統落後、沒有競爭力」的社會殘餘。因此，小農耕作的意識型態，既要涵括小農生產的社會意義，也必需發展出與主流經濟意識型態對話的意義模組。也就是說，要證明「小農耕作」此一生產模式在最窄化的經濟思維中仍深具意義，不能只停留在經濟範疇，有必要積極擴展「農的意識」。

我們——在台灣從事非單向經濟生產的農耕與農事隊伍，在有限的社會資源下，努力耕耘「以農為主」的空間與「農的意識」，盼能在野地上綻放繽紛的花朵。

支農、援農、從農，創造在地經濟

當今台灣是「農業雙軌制」的產銷結構，即「資本農」（以利潤為導向，擴大再生產）與「小農」（以計畫為導向，直接再生產）並行。那麼，當發展規模經濟成為政策的方向，小農的機會在哪裡？

小農耕作是經，社會需求為緯，一個具體可行的可能性是：重新連結「小農生產的隊伍」與「有意識的城市消費者」，創造「在地經濟體系」。

創造「以小農為主體的在地經濟」，意味著連結個別生產的小農，並與消費者形成合作經濟體系；換句話說，當前的工作，不僅僅是田間勞動與生產面的改變，同時也是意識型態之戰。小農耕作意味著健康的食物、豐富的文化肌理、綿密的社會網絡，以及涵養這一切的環境空間。

我們——有志於農村工作的群體，不論從「支農」、「援農」甚至是「從農」的角色，面向歷史、面向農村，試圖在資本主義已竭澤而漁的荒蕪焦土上，重新耕耘一片新天地。我們傳承老農邊做邊學的智慧，適地適種並友善土地，同時連結綠色消費，開創任何互惠協作的可能；甚至主動介入體制政策，見縫插針地鬆動結構，扭轉過度偏向城市的當代社會關係。

提攜：社區協力農業的核心價值

做為消費者，請細想以下這些問題：每天食物從哪裡來？怎麼來？它需要加工嗎？它怎麼保存呢？它如何運送呢？它的品種為何呢？是否隱藏著基因改造的的品種？在廚房如何料理？新鮮食材從洗菜、搭配、烹煮到美味上桌，需經過哪些過程？微波爐料理包何以口味如此濃厚、辛香辣俱全？

光是從餐桌回想，就發現無可避免的工業生產，甚至罐頭番茄等農工產品已無所不在，也提醒你我「更多未必更好」、「金錢未必美味」、「欲望未必安心」，是以，花一些時間認識食物、連結農民，正是你我該做的事。

本書介紹的「社區協力農業」正是一股積極創造可循環的、社會生產交換的新趨勢：透過你與我、消費者與農民、個人與土地、社群與環境的社會參與，展現從餐桌到農田之間的連結不僅僅是食物，更是人們彼此的協力與互惠。

「社區協力農業」行動的根源來自日本。美國此一運動的推動者即直言，他們觀察到日本小農耕作基礎之間，即農民與農民、農民與消費者，及其生活網絡、社會關係之間，是一種提攜（teikei）的關係。此一「提攜」概念反應了人們彼此之間互動互惠、相知相惜的感受，同時也主張，若能在食物生產過程中參與勞動，雙腳踩進土地、迎來豐碩收成，那麼，從農田到餐桌並非僅止是商品的交換、並非僅止是貨幣的運用，而是共同協力的農耕實踐。

在美國「社區協力農業」與日本「提攜」思維之外，我們或許還可以，也更應該從台灣的社會傳承與在地經驗來思考——人與社群、人與社區的連結為何？小農交換的社會基礎為何？

社區協力農業主張「分攤風險、共享收成」，農耕、園藝並非只是農民的生產事業，而是農民與消費者合作協力的多元型態，它可以成為支撐在地經濟的重要環節；透過餐桌食物美味的呼喚，人們走進田裡與自然互動，一方面理解到人並非萬物中心，同時也理解到農民耕作的收成乃建基於農耕過程的努力與付出，進而開始在個人經驗上反思，「經濟至上的線性發展主義」是否得當。

日常生活實踐，從餐桌開始

本書起源於二〇一二年在香港召開的「落地生根研討會」，書中除了台灣案例，也收錄了具代表性的中國及香港案例。例如，在高度經濟發展的香港，由於中國擬在一國兩制框架中將香港、深圳連成一線，透過交通工具及高樓大規模開發，造成香港土地被地產霸權掌握而引發人民的積極反抗，「維持農業生產」正是人民基層抵抗的一環。

而在台灣，由於農業結構出現「大規模農耕」壓抑「小農耕作」的情形，因此我們主張支持「小農」以及「小農耕作」的生產型態，希望透過「社區協力農業」的支持系統，讓農民得以維持適當家計收入，農民及消費者、城市與鄉村之間，也能彼此連結、互惠共生。

本書藉著七種類型的「社區協力農業」案例，展現人們與農民的互動。即使只是小額消費，仍可感受到因為更好的溝通、更短的距離、更深的理解、更多的支持而帶來幸福的力道與快樂的感受。

許多時候，人們習慣以黑與白、主流與非主流的二元對立來看待人與人、人與自然、人與社會的關係，那麼，我們有沒有可能理解彼此之間的灰色地帶，甚至張開雙手環抱彼此，建立「城鄉共好」的循環發展與互惠關係？讓我們嘗試在現代性（modernity）的思維之外，置入鄉村性（rurality）的邏輯，並攜手從「社區協力農業」與日常生活的實踐開始吧！

什麼是『社區協力農業』？

10個問題，「社區協力農業」快速入門

整理／編輯室

1

什麼是社區協力農業？

社區協力農業（Community Supported Agriculture，CSA）是一股世界性的風潮：鼓勵食物的生產者、消費者攜手建立「在地的食物夥伴關係」，雙方共享豐收、共擔風險、相互提攜，其基本精神就在於「合作找幸福」：

——在食物的生產端（agriculture）：鼓勵農人採取友善土地的耕作，食物的生產和獲取體現了更多人與自然萬物和諧共生的關係；

——在食物的消費端（community）：人們透過社區配菜、共同採購、認養契作等固定支持（support）方式，協助農人更有計畫地生產、降低進入市場的風險；也可積極參與協助農事，進一步認識農耕的生態與生產過程；

——主張建立在地的、小即是美、永續的食物循環系統，創造在地經濟。

社區協力農業，從「社群」或「社區」這樣的小單位展開改變，發揮「提攜」互相照顧的夥伴精神，透過產消間的正向支持與循環，建立城鄉友善連結，鼓勵更多友善小農、家庭農場、地方生產組合、歸農青年們為我們生產健康食物、照顧土地，進一步維繫農業、農村、城鄉的活絡生機；消費者也能主動以「共同購買」集結有共識的消費力，支持小農生產體系、建構自給自足的微型經濟，成就共好的社會。

2

社區協力農業一定是有機的嗎？對我們有什麼好處？

社區協力農業的初衷，是希望顛覆現代農糧體系對環境生態的破壞與農人的剝削，結合生產者與消費者一起開創更健康、更公平也更永續的食物生產模式。因此多數會使用環境友善或有機的方式耕作，避免化肥農藥的濫

用；同時鼓勵農人公開田間管理記錄，建立產消之間的信任關係。而為了減少農產長途運輸的能源浪費、降低食物里程，大多主張由鄰近的家庭、鄰里共同支持一個小規模的合作農場，創造出一個在地的、小規模的循環模式，因此也特別注重消費者與農人間的密切互動，鼓勵消費者實際參與農作物的生產環節。

相對於我們積習仰賴、短暫而無法永續發展的食物系統，社區協力農業努力承擔社會及生態的責任，提供優質食物與生命基本需要的同時，也提供教育與培力的可能，鞏固我們今天與未來世代食物供給安全的機會。

3 萬一農場歉收或短缺，如何解決？

社區協力農業的初衷，是希望消費者與農人「共同分擔風險，共同分享收成」。一般來說，農人在進行新一期的生產計畫時，會招募一群志趣相同的人共同出資、共同負擔生產成本，消費者與農人彼此是「夥伴」關係，會員同意分擔風險；若遇上乾旱、颱風、水患等天災致使農產歉收或無法即時出貨，可與會員協商補償方式，例如下一季度豐收時再補足不足的農產。

4 社區協力農業的產品價格會比較昂貴嗎？

社區協力農業的設計，意在打破工業化農業中，盤商、運銷商聯合壟斷農產品價格的困境，農產品價格因為略過了盤商中介的過程，由農人直接送至消費者手中，可以降低中介者的剝削與價格哄抬；加上農產價格是由農人與會員彼此協商訂定，對於生產者或消費者而言，都會是十分合理的價格。

5 社區協力農業的會員收費如何計算？

社區協力農業的運作為了考量農場永續經營的需求，除了滿足農作的生產、運銷成本，也希望讓農人能獲得一定穩定的收入，會費計算具有彈性空間，端看農場與消費者的合作模式，並經過雙方協商而定。計價方式大致可分以下幾種：

1. 農人將預期之固定收成，拆分為一定數量的份數開放認購，採預先付費；
2. 農人列出農場一年所需的成本，招募固定會員；若未達預期，則和會員商討預算的變動直到雙方達成共識；
3. 農人依照農場生產的淡旺季進行預算的調控，計算會員定期付費的金額，將盛產季節的收入平均分攤到每個月；
4. 農場將預算總額依照會員人數量均分，固定收費；
5. 農場依會員收入能力之不同，採浮動式計價。

6 會員是否可以用勞力交換的模式加入？

社區協力農業多數在「訂購制」與「勞務參與」的兩個光譜之間運作，計費方式亦有彈性：

1. 採行訂購會員制，消費者完全不必參與農事勞作，定期會收到農場的產品；
2. 開放會員自由選擇是否參與協助農事，且其勞務可做為部分會費的補貼；
3. 要求會員除了繳納會費外，需定期到農場義務協助農事或分菜、運銷，加強彼此連結；
4. 為讓弱勢族群也有機會獲得同等的農作收成，可採取浮動式的計價費率，即依會員的付費能力設計出不同的收費級距，經濟較好的會員願意付出較高費用，而收入較少的會員則可用較優惠的會費或勞力交換方式，取得一樣質量的農產。

7 低收入戶、弱勢家庭、年長者也可以被納入照顧嗎？

社區協力農業可積極透過不同方案，將弱勢族群納入支持體系之內，例如：

1. 固定將多餘作物捐給街友關懷組織或社福機構；
2. 提供品質好但不符市場規格的格外農產品給育幼院或社福機構；
3. 對於無法負擔全額會費的家庭提供折扣；
4. 聯合在地農場發動會員認購或募捐，定期資助弱勢家庭新鮮蔬果；

5.與在地食物銀行合作，將新鮮安心的作物送到有需要的人手中。

8 社區協力農業對於農人、社區與社會有什麼影響？

一個成功的社區協力農業影響層面相當廣泛。對農人來說，預購或會員制可確保每年生產成本與收益穩定，不需擔心遭遇天災或市場價格波動的風險，可更專注投入作物與土地的照護；一座座有機、多樣生產的小型協力農場，可為在地的糧食系統、經濟與生態開創永續與多樣的可能，讓更多民眾認識農業除了提供安心食材，也涵蓋了糧食安全、環境保護、在地經濟、文化傳承等多功能。

從更極的角度來看，社區協力農業（Community Supported Agriculture）也可發展出「農業支持社區」（Agriculture Supported Communities）的雙向關係，例如為身心障礙者提供工作機會、結合青年培力、打造共享社區、結合環境生態教育、打破族群與貧富區隔、為受飢貧窮者生產糧食的計畫等。

9 社區協力農業在全球各地的發展現況如何？

「社區協力」的概念早在一九二〇年奧地利就已出現，由華德福教育、生物動態農法創辦人魯道夫・史坦納（Rudolf Steiner）首先提出，主張消費者、生產者應該為了共同利益相互合作。

一九六〇年代日本消費意識抬頭，一群婦女為了解決食品含有過多添加藥物的風險，開始組織團體、尋找合作農友，成為消費者運動的先驅；一九六五年，日本人岩根邦雄為抗議企業壟斷牛奶的運銷市場，號召一群志同道合的婆媽共組「世田谷生活俱樂部」，自行尋找酪農購買牛奶，是共同購買的雛型。一九七五年日人金子喜則組織當地婦女加入飲食文化與健康的讀書會，開創以金錢、勞力交換農作物的「提攜」運動（Teikei，意為相互照顧的夥伴關係），並在日本有機協會的推廣下，在日本各地成立上千個提攜團體。

同個時間點，對於糧食體制、資本農業不滿的聲音也在歐美萌芽。一九七八年瑞士 Les Jardins de Cocagne 農場募集了五十位穀東，開始協力農業的運作。一九八五年，簡・范德圖恩（Jan Vander Tuin）參觀瑞士協力農業後返美與「印第安防線農場」的羅蘋・凡恩（Robyn Van En）分享經驗，凡恩提出「社區協力農業＝食物生產者＋食物消費者＋每年對彼此的承諾」一詞並積極投入推動；一九九〇年代後，為了抵抗現代糧食體系所帶來的危機，美國的公民團體開始串連、遊說政府改變農業政策，大力提倡在地、有機食物的重要性，社區協力農業隨著這波風潮快速擴展；此一經驗在美國社區協力農業推手、伊利莎白・韓德森（Elizabeth Henderson）之《種好菜，過好生活》一書中有詳細描述。

受到北美經驗的鼓舞，歐洲國家在一九九〇年後發展出多元特色的社區協力農業，在英國有機驗證團體「土壤協會」的推廣下，「箱子計畫」（Box Schemes）的會員農產預購制度受到歐洲各國好評與學習。二〇〇〇年過後，歐亞各國出現許多新興的社區協力模式，也出現了許多反思城鄉發展的跨國農業交流組織，彼此交流技術、公平貿易、城鄉發展等議題。鄰近的韓國女農協會，除了對國家的農業政策、貿易政策勇於發聲行動之外，更積極在各個鄉村社區籌組協力農業的生產隊伍，成立「姐妹農園計畫」（Sisters Garden Plot），推出每週「一籃菜」服務，積極改善農村婦女的經濟與性別地位。

10

社區協力農業在台灣與華人地區的發展現況如何？

近年來，隨著台灣社會對農業與糧食安全的關注之下，已經發展出許多不同的社區協力農業模式，除了透過會員的事先預訂，共同分擔成本、風險並分享收成的基本生產型模式之外，更發展出結合地方小旅行的食農體驗、消費者發起的共同購買與合作社、地產地消連結校園食材和食農教育、農夫市集和產地拜訪等多元發展，讓台灣的社區協力農業碰撞出更多可能性。

不僅在台灣，包括香港與中國，近年也紛紛出現一波又一波新的支農、返農、援農風潮，開創出許多社區協力農業的積極模式，人們合作找幸福、連結產地與餐桌，積極打造「身土不二」「以農為本」「農藝復興」的支持系統。本書引介兩岸三地社區協力農業案例，涵蓋「生產型」、「食農教育型」、「共同購買型」、「農會&產銷合作型」、「社群支持型」、「原民部落型」、「市集&生產聚落型」七種具體實踐方式，這是一場從餐桌、社區、巷仔口發起的美好革命，你我都可以參與其中！

社區協力農業・行動指南

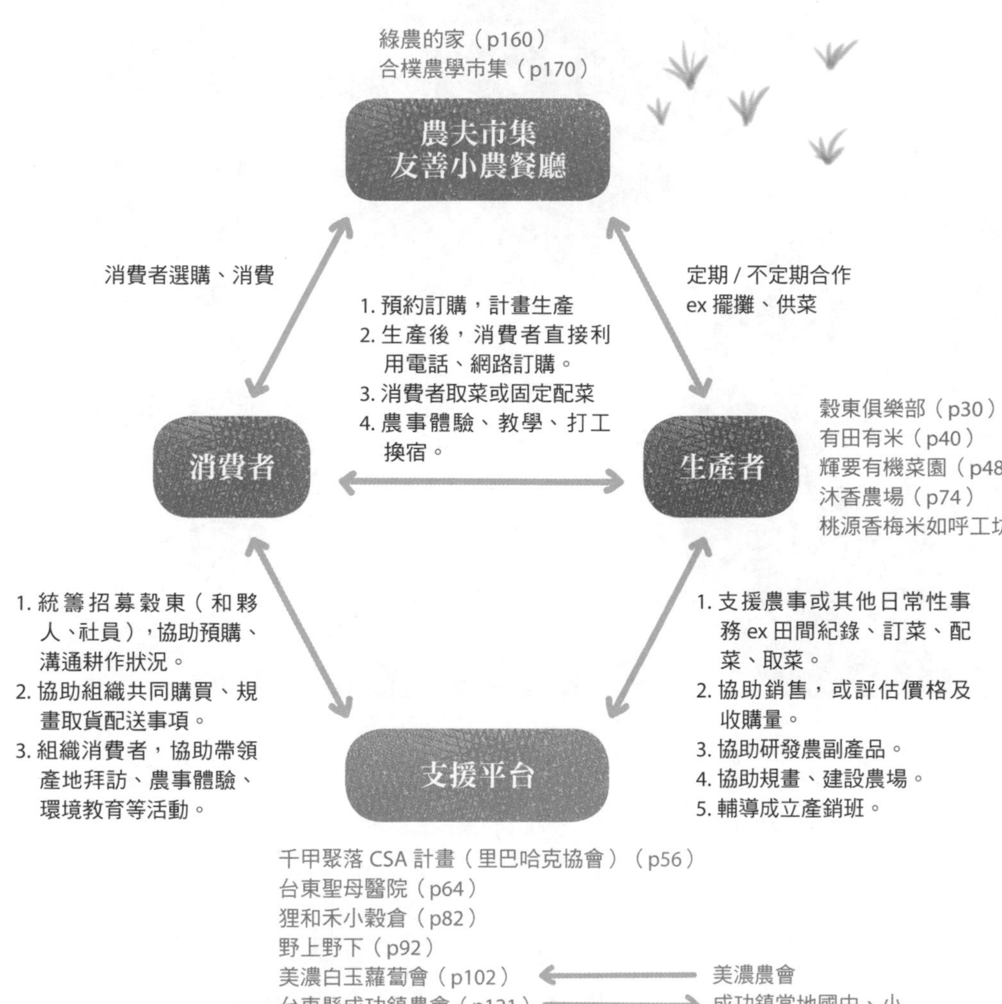

製表／孫德齡

第一部：台灣篇

野地開花，農藝復興

二〇一〇年，台灣農民在凱達格蘭大道冰冷的水泥地上，鋪上一方青翠秧苗，抗議政府重工商地產輕農的偏頗發展策略。一方有難、八方支援。拉起手來，就可以深深感覺到、真正知道：農，的自主、的知足、的傳統、的技術、的美學、的肌體藝術、的態度。

如何「破」和「立」？如何走向真實的「城鄉共好」？如何並肩而行？學者、學生、媒體、律師、醫生……等等，不同界別人士，在熟悉如文宣行動，不熟悉如農耕勞動中反思，試圖建構更整全、更流動開放的社群。小農間的社會協作、有制約的生產規模，似乎都在回應社會各種迫在眉睫的危機。

他鄉不遠，就在咫尺。農家集墟成鎮成市，城鄉本是一家，分工合作，相互依存。自稱社運青年的賴青松從小城鄉兩邊跑，兒時經驗是定居城市，歲節返鄉。這確是不少台灣城市中青代的常規。但有人說，心定下來的地方就是鄉，於是，青松在不遠的他鄉稻田中找到安身立命之所。然後，有更多年輕人，帶著深刻的

城市經驗，義無反顧地踏進泥巴地，嘗試在現代社會建構一套新的生活方法和倫理，裡面包括知識教育、組織社區/社群、市場生產，以至情意、理念和信仰的傳遞流動。

「和消費者溝通」說來簡單，實則是件不容易的差事。什麼是現代農夫的必備技能？或許，十年之後的都市原住民，可以擁有美麗的農場，供應城市所需的健康糧食。有社群協力的農業，才能倚賴農業來維繫社區所需的環境資源；我們種的不只是米，也種出水資源、種出生物的多樣性。

過去六、七年間，小農市集在小島上如繁星湧現。這些人與人直接碰觸的場合中，不只獲得力量，我們也探入各種美麗的想像和踐行。簡樸的互相合作，腳踏實地的經濟社會，以互助互惠、資源共享、用手用勞動創造社群的認同和生活的厚度。在日常瑣細事務磨練，是從回到農開始。

現代美好生活的原鄉，在手上、在腳下。

生產型

穀東俱樂部

新農下田，才是最根本的行動

口述／賴青松　採訪．文／陳怡如　攝影／楊文全

「相招來種田，讓都市人也能吃到自己種的米。」一邊種田、一邊說話，就是在替農發聲，讓我們的友善耕作被看見。穀東俱樂部農佚賴青松，每年依稻作週期，舉辦插秧聚、收穫聚、冬聚，邀請穀東定期相聚，「回自己的田看看」。

相招穀東來種田

大學時代參與環境運動第一線抗爭的賴青松，畢業後曾投入運動性格極強的主婦聯盟工作；甚至前往日本的消費合作社「生活俱樂部」實習，深入了解共同購買運動的精神與運作。

長期在第一線與農友接觸，賴青松深刻感受到，一旦農夫對銷售管道消失產生焦慮，組織和農夫之間便不容易開展健康的合作關係。「消費者有能力表達對土地與生產者的情感，但只有在小規模的消費平台，這種情感才可能直接回饋給生產者。」幾度思索，賴青松決定自己從事生產，直接與消費者維繫緊密而有信任

「有機商店的消費市場互相競爭客源與服務品質，彼此消長，整體來說沒有太大成長。唯有新農下田才是最根本的行動，將友善耕作的支持者擴充到新農的親人、同學，一擊中的。」

招牌農產：青松米

產季：秋季

農夫市集：主要的農產品青松米採預約銷售之外，少量的農產加工品、家中採收的雞蛋等，於深溝在地雜貨店「小間書菜」內販售。穀東俱樂部並沒有參與農夫市集擺攤，反而在每年與穀東相聚的三次聚會內設有市集，開放讓在地小農、手作者、社區媽媽，或是近來新農村內雨後春筍般的雜貨店、咖啡店、獨立書店、有機商店等經營者，都是市集的攤主。

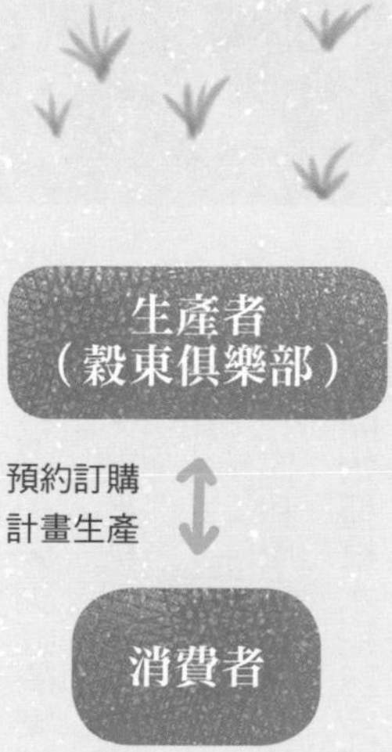

生產者（穀東俱樂部）

預約訂購
計畫生產

消費者

「農伕」賴青松。

感的連結。賴青松全家搬遷至妻子朱美虹的家鄉宜蘭，開始與「農」更深的連結。

他利用岳父老家的農地開始種植水稻與蔬菜，收成就直接在當時任教的華德福教育學校辦公室販售。然而，這種半買半相送的方式，到底並非專業務農之道。過程中，賴青松一度有機會赴日讀書，也因此陷入是要繼續精進學業，或返鄉種田的兩難。最終他仍決定帶著全家回台灣，立足於自己熟悉的田土。

回台灣後不久，他遇上了過去工作時結識的農友，何金富。當時何金富募集了一群都市消費者，以「預約訂購、承擔風險」的契約種植方式支持農民，請賴青松草擬了穀東招募說明。賴青松以「相招來種田，讓都市人也能吃到自己種的米」為標題，每斤五十元，每穀份三十斤，亦即每穀一千五百元的方式募集穀金，如此不僅確保受僱耕作的田間管理員的勞動所得，也解決當年耕作成本問題。「稻米是相對穩定的生產品項，土地也不會放你無薪假」，第一份穀東俱樂部招募書，種下了田間管理員賴青松起步的信心，他彷彿看見農業的新未來。

和穀東一起做田地的主人

但事情並非從此一帆風順，穀東俱樂部才運作半年，就碰上米價調整的課題。宜蘭的稻作僅有一期，下半年雖然休耕，田間管理員仍需負擔配送稻米、聯繫穀東、發送《米報》等工作，但當初訂定穀金時，卻沒有計算到田間管理員下半年的薪資。賴青松不知如何向穀東啟齒，甚至還想：「乾脆就自己虧一點吧。」這時，反而是妻子朱美虹一句話提醒了他：「穀東俱樂部不就是要消費者與生產者同心協力、互助互信嗎？」賴青松於是決定召開臨時穀東會議。也剛好那陣子遇上颱風，農友損失慘重的新聞時有所聞，穀東們感受到生產者的辛苦與壓力，二話不說就通過調高米價，每斤從原本五十元調整成六十五元。也因為這次事件，更凝聚了農人與穀東們之間的信任和互助共識，也決定往後定期召開穀東會議。第二次價格調整，也是在穀東的支持下才得以定案。這次調整主要是因為種作田區從冬山鄉搬到朱美虹老家員山鄉深溝村，摸索新田區的期間，因耕地面積減少而造成成本增加，於是再將米價調整為每斤八十元。經過這次調整，之後歷年米價不變。透過面對面的穀東聚會，還有固定週期發送的《米報》傳達的田間四季訊息、管理農作時的喜憂等，田間管理員與穀東之間早已建立穩定的信任關係，得以一同面對各種難題，直到二〇〇九年。

這一年，是穀東俱樂部的轉捩點，多年來獨自承載的田事壓力、聯繫穀東與穀金攤還紀錄等龐雜行政事務，將賴青松壓得喘不過氣來，不僅反應在身體病痛，更讓他的初心飽受疲憊，因而決定急踩煞車。那年的穀東會議上，賴青松坦言自己萌生退意，「自己的心才是農夫最好的作物」，唯有讓自己從受僱的田間管理員身分，回到自產自銷、自負風險的小農立場，才能解開目前困境。穀東俱樂部的理想不再了嗎？有的穀東認為新的制度失去了初心，故而離開；但是有

攝影／陳怡如

每年固定舉辦的收穫聚，讓參與的穀東行囊和心靈都收穫滿滿。

更多支持賴青松的穀東留下來。預約訂購、計畫生產，以及「穀東聚」的精神未曾改變，穀東們守著對賴青松的信任與約定，這也鼓舞他重新以「青松米．穀東俱樂部」出發。賴青松為自己定義了全新的身分，「農伕」，聽起來與農夫別無二致，但文字上則可看出接受、感謝穀東支持的細微意涵。

「穀東聚」，就是邀請穀東回家

「穀東聚」是穀東俱樂部一直以來的傳統，依循稻作的節奏，每年定期舉辦三場聚會：插秧聚、收穫聚、冬聚。對賴青松而言，穀東聚不是辦活動，反而像是「在固定的週期邀請穀東，回自己的田看看」。所以穀東才是這些聚會的主人。有一年穀東們在田間演奏音樂、禮讚天地；又有一年，賴青松在水田中樹立穀東製作的竹管燈，當夜幕降臨時，水田上、樹林間，點點燈火歡迎穀東回家。每年的穀東聚總是聚集了上百人，不論是行囊還是心靈，參與的穀東莫不收穫滿滿。只是對穀東來說十分熱鬧成功的穀東聚，賴青松卻坦言總是讓自己苦惱不已。「穀東俱樂部中熱心的人不少，有的穀東會幫忙繪製穀票，有人負責架設部落格，但是一直缺乏

依循稻作的節奏，每年春分前後會舉辦穀東插秧聚。

經營穀東的人。」他嘗試過一些方法，比如在每次聚會上，邀請穀東們在台灣地圖的海報上簽名，「讓他們看見彼此」。一年一年累積下來，田邊的穀東聚的確成了志同道合者遇見彼此的所在，也是穀東們心裡最特別的節日。

「一邊種田、一邊說話，就是在替農發聲，讓我們的友善耕作被看見。」從二〇〇四年開始，每月出刊的《米報》，猶如今日盛行的獨立刊物，在每個節氣書寫一篇文章，搭配圖片，十一年未曾停歇。二〇〇六年，有位穀東替穀東俱樂部架設了部落格，《米報》也順理成章轉移到網路上繼續發聲，賴青松持續以最擅長的文字與穀東保持溝通交流的管道，連結生產者與消費者彼此之間的能量。

「單純的人心，好吃的米」，是穀東俱樂部連結生產者與消費者最重要的方式，也是穀東俱樂部堅持品質的最高原則。當年有不少穀東是為了理念而來，現在則是因為喜歡好吃的米而繼續留下來。有位穀東的孩子從小學六年級吃到離家讀大

穀東聚不是辦活動，是邀請穀東，回自己的田看看。

學，還是念念不忘家裡的米飯香。

溫柔而堅定，把田一塊塊種回來

當年賴青松以為，穀東俱樂部的想法只要高聲一呼，自然就會有一群人隨後跟上，想不到類似的模式，僅在各地稀稀疏疏地開著小花。一直到近幾年，才有愈來愈多新農種籽飄揚來到宜蘭，在這塊沃土上生根發芽，同樣採取招募穀東的概念，壯大了友善耕作的版圖。賴青松語重心長地說：「有機商店的消費市場互相競爭客源與服務品質，彼此消長，整體來說沒有太大成長。唯有新農下田才是最根本的行動，將友善耕作的支持者擴充到新農的親人、同學，一擊中的。」賴青松當年來到宜蘭得到許多在地人的幫助，如今自己已有豐厚的能量來扮演新農的引路人角色，「這就是傳承」。朱美虹則帶領著新農們學做農村廚藝，傳承女性長輩味道的記憶。老家本就在深溝村的朱美虹，更透過厚實的人脈，改變在地人的

朱美虹領著新農學做農產加工，傳承女性長輩味道的記憶。

想法，願意將房子出租給新農。「想讓有心人留下來」，賴青松與朱美虹兩人心底油然而生盼望。「從太陽花學運佔領立法院到香港佔中，都是人民為了在理想中佔一席之地，挺身而出。農村人口紛紛離農、賣田，建商蓋起一幢幢豪華農舍，農村的生命力正岌岌可危。我們卻是一個個進入農村、返回家鄉，把田一塊塊種回來，把我們與在地老農夫之間的連結一條條鏈接起來，用溫柔、堅定的力量佔村。」「以前的土地有親人在那兒，生命來自那片土地，自然會跟土地血濃於水。現在的人在育嬰室出生，老家對他而言沒有意義，愛土地這句話就像天方夜譚。可是對新農來說，我們可是拚了命在這裡落地生根的呀。」在插秧後的日子裡，坐在深溝村住家院落，賴青松談起腳下的這片土地，雙眼炯炯有神：「新的一年，我想邀請新農們試著把插秧、收穫與冬至當作自己的節日，就像原住民的豐年祭，找一種自己的方式來表達對土地的感謝。」

穀東俱樂部

自己的心才是農夫最好的作物。

成立時間：二〇〇三年成立，二〇〇九年經營模式轉型。

臉書／部落格：臉書「賴青松」

青松米・穀東俱樂部：http://blog.roodo.com/sioong

營運方式：

創立人賴青松以曾經任職於主婦聯盟的共同購買經驗，邀集穀東認穀——「種自己的米」，預約訂購、計畫生產、風險分擔；賴青松本人則為受僱的田間管理員，在每年的收穫季召開穀東會議，報告收成，並於冬聚的會議上招募來年穀東。田地面積六甲，穀東皆為個人、家庭，以收穫量為單位認穀，少則三十斤，至多三百六十斤，以避免獨佔。二〇〇九年起，穀東俱樂部經營方向轉型，採自產自銷形式，產品命名為「青松米」。轉型後農人需自負風險，但是仍保持預約訂購、計畫生產的模式。賴青松自稱「農伕」，具有自己作主的意味。

互動人數：

〔**農友**〕兩人，賴青松與朱美虹夫妻。

〔**顧客**〕穀東近四百人，皆為個人或家庭。

永續概念：重要的不是「穀東俱樂部」這個組織，而是這種分享的、永續的社區支持型概念，讓近年來不少新農在步入農業之初，有個可供參考的對象。面對新農村中各種各樣的學經歷背景，甚至來自不同國家的新農們，賴青松抱著開放、好奇的心，等待未知帶來的驚喜。

生產型

有田有米

老農新農攜手打拚，翻轉農村慣行思維！

文／吳佳玲　照片提供／有田有米

「和消費者溝通」說來簡單，實則是件不容易的差事。什麼時候出貨、出幾包米、什麼時候到貨、怎麼保存、這次的米怎麼跟上次的不太一樣（消費者的嘴巴怎麼比農夫還靈）……面對大大小小的問題，農夫得見招拆招，上網google、翻閱工具書，甚至打電話問前輩……

二〇一二年，穀東俱樂部的賴青松與台灣農村陣線的蔡培慧合作進行「宜蘭小田田」實習農夫計畫，參加計畫的夥伴們每週一天到宜蘭「當農夫」。當時雖然全體成員共同耕種兩分地，但日常巡水維護的工作主要還是由青松大哥幫忙看顧，參加計畫的夥伴們和我反而有點像假日農夫，每次到田邊，都會有一種「啊！現在該做什麼事情」的茫然感。不過，即使對農務不是非常明白，還是讓我們這群夥伴們在完成兩分地的收成、吃下第一口飯時，紅了眼眶。「原來，吃到這口飯是這麼的不容易。」

二〇一三年，我毅然決定將台北的房子退租，搬到宜蘭擔任宜蘭小田田的田間管理員，學習成為一位農夫。耕種近一甲的面積、在庄頭生活、學習和代耕業者溝通、和阿伯阿姆聊天、陪著水稻成長……，一年的

如果農業陳列館要展出二十一世紀的農具，
農夫的農具應該會有手機、相機、電腦和網路；
其中網路尤其重要，如果沒有網路，
農夫自產自銷的可能性微乎其微。

招牌農產：台中秈十號米
產季：七、八月

生產者（陳榮昌阿公）
協助銷售
農事教學
生產者（有田有米）
消費者認股
計畫生產
打工換宿
農事體驗
消費者

歸農生活，經歷不少挫敗淚水，卻也萌生當個農民的念頭。

二〇一四年，有田有米工作室成立，以不使用農藥、化肥和除草劑的耕種方式，在深溝村種植水稻。銷售模式則是向穀東俱樂部學習，跳脫傳統產銷型態，鼓勵消費者預約訂購，從確認農產品的銷售對象回過頭調整生產計畫，如此農夫可以計畫生產，避免產銷失衡的問題；同時在耕種前便取得資金，讓農夫可以安心種田。買米的人稱為「穀東」，預約訂購其實充分體現消費者的力量，表示每個穀東都可以成為生產者最堅實的夥伴。

現代農夫最需要的是？

只是，選擇直接面對消費者的需求，也就代表農夫不是只要種田就好，必須承擔盤商和店頭的工作。「和消費者溝通」說來簡單，實則是件不容易的差事，舉凡什麼時候出貨、出幾包米、什麼時候到貨、怎麼保存、這次的米怎麼跟上次的不太一樣（消費者的嘴巴怎麼比農夫還靈）、米很容易有米蟲耶……面對大大小小的問題，農夫得見招拆招，上網

遵循陳榮昌阿公指導製作秧床來孕育秧苗，並讓穀東體驗人工插秧的辛勞與樂趣。

google、翻閱工具書，甚至打電話問前輩；如果是物流配送出了差錯，電話響個不停也是常有的事。

自產自銷的農民無法過日出而作日落而息的生活，種田之外的時間幾乎通通奉獻給行政工作：白天忙農事，看到田間生物的第一個動作就是拿起相機拍照，打卡上傳；晚上得坐在電腦桌前處理行政工作，上傳農事照片，書寫田間紀錄。有時候會跟朋友開玩笑說，如果農業陳列館要展出二十一世紀的農具，農夫的農具應該會有手機、相機、電腦和網路；其中網路尤其重要，如果沒有網路，農夫自產自銷的可能性微乎其微。

雖然自產自銷加重農夫的工作量，不過正因為少了盤商層層剝削，農夫才有機會得到合理的利潤。有時候身體只剩下勞動後的痠痛，癱坐在電腦桌前動也不想動，種田的理想越飄越遠……可是看見穀東的回信裡那些溫暖的字句、感謝的話語，也就回復了繼續種田的氣力，蓄積不輕言放棄的勇氣，「穀東們還等著我們

撒種。早期農業社會的農民大多得在農地排水良好的位置做秧床，自行育秧苗。但這項技術門檻頗高，在當時不見得每個農民都會。

的米呢！」

真正貼近農鄉的食農教育

對有田有米的穀東來說，直接跟農夫買可以認識真實的農村，透過親身參與插秧和收割的活動、閱讀農夫的田間紀錄，他們可以看見、了解，甚至參與稻作的生產流程，進而親近農村生活。

二〇一四年舉辦插秧活動時，有一個國小一、二年級的小朋友，插完秧後滿面疑惑地問道：「這些秧苗會在這裡長大嗎？」聽到這個問題，我當下直覺是：這個小朋友之前應該去過休閒農場的農事體驗。為了讓同一塊田地在任何時間都能夠插秧，休閒農場的做法是在這些秧苗長大前，就用耕耘機打平，讓下一批客人體驗插秧的樂趣，滿足都市消費者對插秧的浪漫想像。但是這些消費者當真理解農村嗎？所以，我們給了那位小朋友這樣的答案：「這些秧苗都會在這塊田地上長大，所以你一定要種在正確的位置。你種下的每

使用「正條密植器」（台語稱作輪仔）劃線做記號。先劃出經緯線，插秧時插在交叉點上，以確保秧苗可以整齊插好。攝影／李健睿

株秧苗，都會成為未來餐桌上的一碗飯。」

「食農教育」也許是當代農民除了種田之外不能逃避的責任，都市消費者距離農村越來越遙遠，農村對他們來說只剩糧食生產基地的意義，還有假日騎腳踏車體驗農村樂罷了。大埔怪手毀田、全台各地農地徵收……諸如此類的事件不斷發生，正是反映社會大眾對農村的漠視。所以，由農民主導的農事體驗活動，最重要的是讓消費者理解，並且尊重農民和農村。資深農友陳榮昌阿公曾經對參加體驗的股東們說過：「你們今天來學插秧，我們並沒有期待每個人以後都要變成農民，只希望你們回到家，坐在餐桌前，能夠心懷感激吃下這碗飯，這樣就足夠了。」阿公的這番話，貼切地說明當代農業的處境。

老農新農攜手打拚

二〇一四年，宜蘭深溝國小計畫推動食農教育，由當地資深老農陳榮昌阿公擔任講師，我則透過賴青松大哥的介紹，成為五年級水稻課的助教。阿公的慣用語是台語，所以課堂上必須有個即席翻譯的角色，在轉譯的過程同時嘗試以小朋友能夠理解的比喻說明。深溝的小朋友生活在農鄉，每天上學都會經過稻田，但是對大多數的學生來說，稻田僅是風景而已，水稻課正好串起老農的生命經驗和小孩對故鄉的牽絆，讓人非常感動。

有田有米工作室同時也販售陳榮昌阿公的友善稻米。阿公已經七十幾歲了，問他為什麼會想轉型？他說：「希望可以給孫子吃到安全的糧食。」阿公十多歲開始學習種田，彼時綠色革命尚未進入深溝村；民國四十七年左右，政府開始鼓勵農民使用農藥化肥以增加產量。阿公說，那時候國家正處在缺糧的狀態，使用農藥化肥增加產量合情合理，只是隨著時間更迭，現在台灣人吃飽不成問題，吃的品質卻出大問題了。於是，他努力在合理的範圍內，減少農藥化肥的使用量，終於在二〇一三年轉型成功。

資深老農改變耕種方式，新農協助販售老農的友善稻米，翻轉農村在地社群的慣行思維，需要老農和新農攜手打拚！

有田有米團隊協助鄰近的深溝國小教授學童食農教育課程，帶領學童認識水稻的生長過程。

有田有米

希望在未來，農家的孩子可以驕傲地說出：「我以後也要像爸媽一樣，成爲農夫！」

成立時間：二〇一四年

地址：宜蘭縣員山鄉深溝村深蓁路八十五號

臉書／部落格：粉絲頁「有田有米」

有田有米：http://ruralsmallfarm.wix.com/sweet-rice

營運方式：

主要的工作是種稻賣米，目前耕種三甲左右的稻田，以招募穀東、預約訂購的方式販售。此外，也有經營打工換宿和舉辦農事體驗活動。

互動人數：

〔農友〕三人，為吳佳玲、黃京國，和資深農友陳榮昌阿公。

〔顧客〕穀東人數近三百人。

永續概念：鼓勵消費者預約訂購，既可以看見完整的生產流程，並且可以參與農事。親近農村並不難，透過消費的力量，讓每個消費者成為生產者最堅實的夥伴。

社群支持型

輝要有機菜園

土城彈藥庫，變身都市農業基地

文／陳芬瑜　攝影／蘇之涵

輝哥很喜歡消費者直接來菜園取菜。開放菜園、讓消費者隨時可來，是有機耕作最好的認證。對「輝要」來說，朝向社區協力農業的發展是策略，也是最佳定位——讓土城彈藥庫成為台北近郊的無毒農業生產區及生態教育基地。

中年返農，守護家園與環境

輝要有機菜園位於新北市土城區埤塘里，當地原本是國軍的土城彈藥庫基地，五十年的軍事管制、出入報備的生活方式，隨著彈藥庫搬遷、分區解禁，開始有所改變[1]。部分農地轉為工廠或倉儲用地，以出租方式換取更高的收益；不過，被大家暱稱為「輝哥」的邱顯輝，有不同的想法。幼時幫忙父親務農的經驗讓他念念不忘，加上考慮到需要照顧父母，以及自己對未來生活的理想，邱顯輝決定從服務二十八年的空調業退休，全心務農。

1 土城彈藥庫設立於一九五五年。當地原為農地，因地處偏僻，被軍方徵收庫藏軍火彈藥，並設為管制區。隨著都市發展、高速公路興建、人口遷入，周圍人口增加，一九九八年開始分區搬遷，二〇〇一年利用已開放區域設置生態公園。二〇〇七年全區遷移完畢。

「拿筆比拿鋤頭重」是農友們常掛在嘴邊的一句話，道出農友的專長在土地勞動而非文字，但輝哥說「做記錄是計畫性生產的關鍵，是每天回家一定要做的功課啦」。

招牌農產：當令蔬菜。有時也會栽種一些市場上不常見的蔬菜，如蛇瓜、芋頭冬瓜、皺葉萵苣、日本大蔥、櫻桃蘿蔔等。

產季：一年四季。

農夫市集：板橋環球市集（每週二）、248農學市集（每週五）、新店碧潭農夫市集（每週六）、輔大真善美聖農學市集（每月第一週週三、第三週週六）、彎腰農夫市集（每月第三週週日）

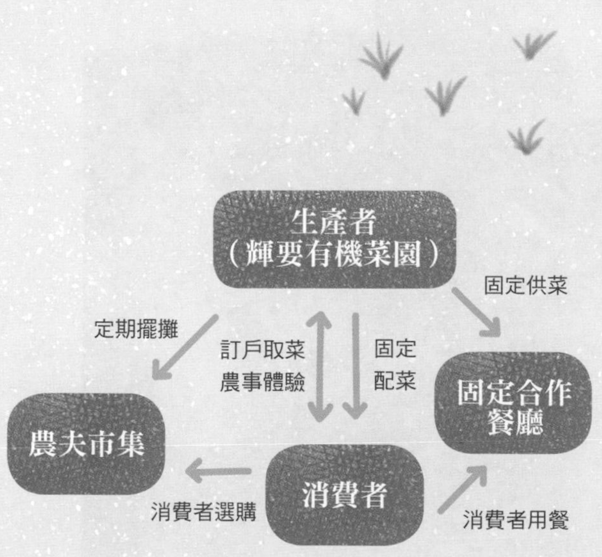

沒想到阻力隨之而來。首先是父親對於有機無毒農業的質疑，接著是土城看守所搬遷爭議，讓輝哥的從農之路一再受到挑戰。但是返農與守護土地的堅定意志，反而促使他加入社區自發組成的「看守土城愛綠聯盟」，農務之餘也積極參與社區保衛運動。

適地的農耕方式、確實的生產紀錄

在反對看守所遷建運動期間，愛綠聯盟獲得許多環保團體的支持，也引入更多的資源跟不同發展的可能性。在「蠻野心足協會」的引薦下，輝哥認識了劉力學先生，開始學習以自製廚餘堆肥為核心的農耕方式；同時，他也積極參加各種農業學習課程，摸索適地的耕種模式。「輝要有機菜園」從一開始簡易的克難設備，僅使用鏟子翻覆堆肥，極度耗費體力的勞動，逐年增建網室、添購小山貓農機具等設備，建立起有機農業的環境與

輝哥正在對來取菜的消費者介紹廚餘堆肥的原理與作法。

做記錄是計畫生產的關鍵。輝哥厚厚的筆記本，仔細記錄每一季的種植與管理方式。

技術，並正式申請認證，農事工作慢慢步上軌道。

輝哥的認真和執著，不僅顯現在日趨穩定的菜園發展，從他隨身攜帶兩本A4大小的厚筆記本、密密麻麻的紀錄更可見一斑。輝哥將每一季的栽種規畫、栽種時間、添購的設備、每間網室作物的成長狀況，甚至購自不同種苗場的菜苗生長狀況都逐一記錄。他說，這樣才知道每一季種植的狀況，下次在種植的時候就能有所參照跟改善。「拿筆比拿鋤頭重」是農友們常掛在嘴邊的一句話，道出農友的專長在土地勞動而非文字，但輝哥說「做這些記錄是計畫性生產的關鍵，是每天回家一定要做的功課啦」。友善小農要求自己文武兼備，這是對土地與消費者的責任。

開啟社區協力模式

對「輝要」來說，朝向社區協力農業的發展是策略，也是最佳定位。農場發展前期，社區協力農業的理念與作法正好開始在台灣傳播；同時，在反對看守所移入的運動訴求上，愛綠聯盟及聲援的環保團體也

輝嫂細心拔草與疏苗。

積極提出另一種發展的可能性——讓土城彈藥庫成為台北近郊的無毒農業生產區及生態教育基地。於是，二〇一〇年十月，美國社區協力農業的重要推手——伊利莎白．韓德森（Elizabeth Henderson）女士受邀訪台期間，聯盟夥伴特別邀請她到彈藥庫園區分享經驗；二〇一一年，伊利莎白女士二度訪台時也專程回到園區，幫農友加油打氣。

伊利莎白的分享帶給網絡夥伴們更積極的鼓勵，並協助輝要有機菜園朝向社區協力農業發展，希望能透過生產者與消費者常態相互支持關係的建立，讓市民更加肯定城郊地區的農業生產，以及環境保育的價值。輝哥的第一批固定支持者，就是當時的運動夥伴——「蠻野心足協會」創辦人文魯彬律師跟他的同事們，每週固定訂菜的社群協力關係一直維持到現在。

不只賣菜，還要讓消費者想一來再來

除了固定配菜，輝哥也很喜歡消費者直接來菜園取菜。他覺得，這種近距離互動可以讓消費者對於食物的生產與來源更有感覺，孩子們也會因為親身體驗採摘與玩土

消費者來農場體驗拔蕗蕎。

的樂趣而更加親近土地；同時，開放菜園讓消費者隨時可來，也是有機耕作的最好認證。

為了讓消費者可以停留久一點，輝哥在種植各式蔬菜與瓜類之餘，也飼養少量的雞鴨，並逐步整理環境、搭建休憩涼亭與土窯，企圖增加環境的多樣性，讓農場在農作生產之外，還有豐富的環境教育功能，讓支持者想要一來再來。所以，現在的「輝要」每逢假日常常可見大人來買菜，孩子卻捨不得離開的畫面。

這樣的發展很耗費人力，還好，輝哥有家人們的全力支持。輝哥主要投入農務管理，輝嫂就負責發揮巧手與創意，將盛產期賣不完或吃不完的農作物，變身成各式農產加工品：提味的、保養的、解熱的……不但增添每週配菜的豐富度，更多了一股農家的媽媽味。除了開放菜園，農夫市集也是「輝要」有機菜園非常重要的溝通管道。「彎腰農夫市集」是輝要第一個參與的農夫市集，輝嫂回憶，一開始參加單純是相挺市集的成立，不過在一次次的擺攤過程中，自己也慢慢學習到如何與消費者互動，透過介紹自家菜的特色及料理方法，在市集裡建立起一批固定支持

彎腰市集的消費者來農場參訪並體驗農務。

者；三個體貼的兒女更因為喜歡在市集裡與消費者面對面的感覺，自願分擔擺攤的工作。目前輝要有機菜園已是台北數個常態市集的固定班底。隨著消費客群日趨穩定，菜園的生產也根據訂戶的數量，以及每週市集的需求量，轉為較穩定的計畫性生產。

「輝要有機菜園」從國軍彈藥庫基地變身為台北城郊的有機農業與社群支持型農業的基地，除了每週固定配菜、開放農場邀請訂戶自取，也在常態性的農夫市集擺攤，不僅跟消費者建立了緊密的信任關係，全家人的投入也讓家庭農場的發展更添活力。家人的參與及投入或許出乎輝哥返農之初的預期，卻是最大的收穫與滿足，特別是兒子奕豪退伍後選擇回家跟爸爸一起務農，讓家庭農場的經營及傳承有了更多的風景與可能。

輝要有機菜園

關心食物的產地是健康的源頭！

成立時間：二〇〇七年

地址：新北市土城區和平路二三六號（土城彈藥庫內）

臉書／部落格：粉絲頁「輝要有機菜園」

營運方式：

主力種植季節型蔬菜及瓜類，搭配小規模的雞鴨飼養。除每週固定配菜、開放訂戶自取，並固定於農夫市集擺攤開拓連結。

互動人數：

〔農友〕兩人，邱顯輝夫婦。

〔顧客〕每週固定配菜三十份左右，另有四十到五十個家庭或個人會到菜園自取。另外，會固定供菜給呷米共食廚房、Mini Bean 迷你豆餐廳，並於五個農夫市集擺攤。

永續概念：種植之餘，農場也開始發展環境教育活動，強化農場的資源循環及豐富性，並以常態性市集擺攤與消費者緊密互動。

社群支持型

千甲聚落CSA計畫

串起城鄉之間的珍珠

文·攝影／陳建泰

並非所有的技術引進都能解決問題，但千甲聚落卻成為一個技術測試的環境，風光的擔任起解說工研院技術的現地博物館。我們等於創造一個永續自足的NGO組織。說穿了，這是一個「組織版」的半農半X。

「組織版」的半農半X

二〇〇八年爆發的糧食危機，讓政府當局注意到農村的重要，年底，立法院迅速一讀通過農村再生條例。但面對快速凋零的農村，政府提出的因應政策實在過於粗糙，我擔心長此以往，台灣糧食的供應網絡將不堪一擊，於是決定將研究工作重點轉為探索「糧食網絡」；並在二〇一〇年，爭取到為期一年的「糧食網絡：知識入鄉」研究計畫。這個計畫發現，若是在城鄉交界（Peri-Urban Interface, PUI）推動社區支持的小規模永續農場（Community Supported Agriculture）可以創造很多工作機會，不但餵飽都會，也能讓生產者獲得足夠的收入。於是，經由這個計畫，衍生出了幾個之後工作可能的方向：

- 訴求小規模、永續的農業，而非企業化的大規模生產。

「若是我們協同一個幫助弱勢朋友的NGO創造一個屬於他們的CSA農場，這個農場有一百個支持家庭，那麼我們等於創造一個永續自足的NGO組織。」說穿了，這是一個「組織版」的半農半X。

招牌農產：當季蔬菜、豆類、根莖類。

產季：一年四季。

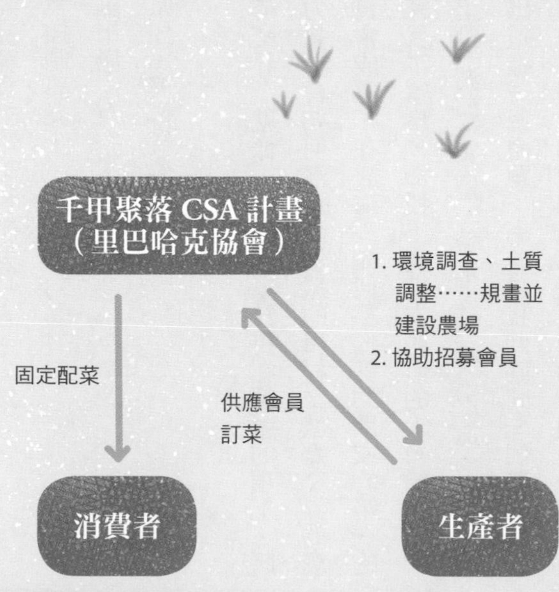

- 不直接改造偏遠農村，而以城鄉交界處的小農場做為建立糧食網絡的起始位置。
- 實行知識密集的生態農業，而非技術、資金密集的環境控制農業。
- 追求在地社區的支持與參與，而非廣布行銷通路與追求市場占有率。
- 真正能夠顧及到台灣生態與生產的農業，關鍵線索在原住民與傳統農村。

想像一下：若是讓一千個生態社區協力農場，盤據在城鄉交界，就像一串珍珠項鍊掛在都會的項上，將會是什麼景象？而這一千個生態農場整編的都會居民的支持力量，會如何滲透到偏遠的農村？城鄉交界的農場與農業農鄉可以如何分工？同年六月，工研院社會公益委員會成立。在討論「如何給弱勢的朋友釣竿」的時候，他們發現，公益工作接觸到的多半是即便給了釣竿、練就了本事，卻找不到地方釣魚的人。給釣竿，只解決一部分問題，創造一個屬於他們自己的、有魚有蝦的河流或湖泊，才是一勞永逸的解決之道。

幾番思考之後，我結合公益計畫與糧食網絡的建置，提出這樣一個命題：「若是我們協同一個幫助弱勢朋友的NGO創造一個屬於他們的社區協力農場，這個農場有一百個支持家庭，那麼我們等於創造一個永續自足的NGO組織。」說穿了，這是一個「組織版」的半農半X。

為了證明這個命題，我於二〇一二年著手成立一個關注都市原住民的NGO協會。這個協會取名「里巴哈克協會」，里巴哈克（lipahak）是阿美族語，意思是「發自內心的滿足和喜悅」。我嘗試建立一個屬於協會的生態農場，這就是「千甲聚落CSA計畫」。

以當地脈絡為考量的科技與設計

茭白筍田的農事體驗。

對於工研院來說，農業是一個陌生的領域，但是若是從「環境、永續」的角度切入，就不是「史無前例」；工研院有超過一千個以上的「可移轉技術」，特別是在「綠能與環境」這個部分，的確有許多可供農業所用。只是，到底那些可以運用到千甲聚落ＣＳＡ計畫？技術又該如何整合？最後決定遵循一個最簡單的原則——以當地脈絡（local context）為考量的科技發展（或設計）。

這個脈絡包括：地理環境、生態、文化、社會倫理、政治經濟，此外，也要容易取得合理價格的材料，不需要投入眾多的勞力和資源，即可輕易操作及維護；同時門檻要低，可以運用於鄉村或資源較匱乏之地區。

有了原則之後，計畫團隊再次審視將要建立農場的土地與環境，與原本設想一樣，土壤和水是最優先的技術投入領域——於是問題就變成：千甲聚落ＣＳＡ農場要改善土壤、運用水資源，在工研院的技術當中，哪些是一個生態農場負擔得起，可以自行維護並

建設農場，第一件要做的事是「種樹」。

且對環境衝擊最小的？於是，農場前後引進了風力抽水機、太陽能抽水機、風光發電整合市電系統、雨水收集技術、碳化稻殼原理與技術、微生物菌培養、生態廁所，以及飲用水過濾系統等等。並非所有引進的技術都能真正解決問題，但是，千甲聚落卻成為一個技術測試的環境，風光的擔任起解說工研院技術的現地博物館（field museum）。其中最值得驕傲的事是千甲聚落ＣＳＡ計畫，運用微生物、碳化稻殼的技術，使用總共約五十萬公斤近郊馬場的馬糞與工研院的落葉，自製堆肥，在三年的計畫執行期間，從來沒有對外買過現成的肥料。

我們來建立一個生態農場

千甲聚落ＣＳＡ計畫從提案到第一次配菜，前後花了將近一年。一開始就是為期半年、社區和環境的調查工作。由於千甲聚落緊鄰新竹科學園區，附近正好就是園區的大排水溝，加上數十年前的李長榮化工污染點也在鄰近，所以，灌溉水哪裡來？中間有那

清大的夥伴幫忙築矮牆。

些匯流？是否有污染源混入？這些調查工作最後都會成為水質檢測的採樣依據。幸好，檢測過關，千甲聚落的灌溉水沒有問題。在社區訪談方面，除了針對聚落的原住民朋友進行訪談，也拜訪了新竹頭前溪與內灣線沿線的原住民聚落。訪談同時，不禁讓人產生這樣的想像：十年之後的都市原住民，不再是作板模、綁鐵線的粗活形象，他們手中握著城市所需的健康糧食，擁有美麗的農場，還有溫暖的友誼……屬於都市原住民的一千個社區協力生態農場，盤據在城鄉交界，像一串珍珠項鍊，掛在都會的頸項上。

接下來是針對水質、土質，還有像落葉、馬糞等有機資材的檢測。工作人員將土地分區，進行採土，並且送到農改場檢驗；水質的部分，除了灌溉渠道的水，也連帶檢驗了當地的雨水、地下水以及蓄水池塘的水。至於資材與肥料，主要是檢驗是否有重金屬、除草劑，或是農藥殘留。檢測結果除了土壤略為貧瘠，也是一切合格。當所有檢驗報告回來，確認一切無虞，下一步就是試種蔬菜。一個月後，第一批蔬菜送ＳＧＳ檢驗，檢驗結果讓人興奮，原來，開發與污染壓力很大的城鄉交界，自自然然的種菜，還是可以通過任何嚴格的檢驗標準。有了這些數據，才能開始進行農務與田園規畫，並且召開「我們來建立一個農場」說明會，開始招募會員。

重建城鄉之間的沃土

千甲聚落CSA計畫在招募會員方面，比較重視地緣關係，也就是「地理性的社區」；同時傾向定點配送，不要有散戶。說明會上，計畫團隊將農場的建立始末、所有的檢驗報告，以及預計如何種植、採收、配送、收錢，還有如何共同承擔風險……等等，一次簡報完畢，同時說明第一年需要三十個支持家庭。

二〇一二年十一月中旬，千甲聚落已經擁有三十個支持家庭，二〇一三年一月開始第一次配送。每週配送一次，三十個支持家庭主要是工研院的同仁和當地一家園區廠商，配送員把菜放入可回收的籃子，在配送的當日下午送到工作場所的交誼廳；支持者只要在下班時繞過來取菜即可。

二〇一四年，會員招募數目擴大到五十個家庭，舊會員有九成都選擇繼續支持這個農場。只是這兩年的配送與運作並不如想像的順利，其中最讓人頭痛的是菜量不足的問題。深究起來，土壤肥沃與否，還是最重要的關鍵。

每週固定配菜一次。

工研院的計畫為期三年即告結束，二〇一五年開始，千甲聚落農場移交給里巴哈克協會繼續經營。雖然主事者不同，但是大方向不變。協會接手之後，農場轉變的更在地化，一起殺豬、一起辦豐年祭……附近聚落有更多的參與機會。同時，二〇一四年申請的多元就業計畫持續進行，或許不久之後，這裡將會出現幾個原住民的農場主人。此外，農場也會承辦更多的生態教育導覽，分享原住民傳統野菜文化、自然農耕、肥料製作、酵素利用……等等，為重建城鄉沃土的尋找更多方法及可能性。

千甲聚落CSA計畫

做爲城鄉交界生態農場的第一個原型。

成立時間：二〇一一年提出構想，二〇一二年正式成立；二〇一五年工研院計畫結束，移交給里巴哈克協會繼續經營。

地址：新竹市千甲里千甲路四六〇號

臉書／部落格：里巴哈克協會：http://libahak.blogspot.tw/

營運方式：
最初由千甲聚落CSA計畫執行規畫、協助建設農場，並以地緣關係為重點招募農友及參與會員，採用社區型、定點方式配菜。二〇一五年工研院計畫結束，轉由里巴哈克協會繼續經營。

互動人數：
〔農友〕四到五人，是農友，同時也是協會與多元就業的工作夥伴。
〔顧客〕五十個左右的個人或家庭。

永續概念：以小規模生態農業，追求在經濟、環境與文化方面的永續發展。

社群支持型

從小小一塊豆腐開始，守護自己糧食的自主權

台東聖母醫院

文／賴麒泰　照片提供／台東聖母醫院

當做豆腐的自主權掌握在自己手裡，當消費者即是生產者的同時，你是否更會加注意餐桌上的食物有無農藥污染或食品添加物的風險？你會故意把有毒物質加在自己的食物裡嗎？尊重自然環境的價值觀，或許人與土地就能恢復健康正常的關係。

從一朵朵紅豔的洛神花說起……

台東縣太麻里溪下游，居住了七個排灣族部落及一個魯凱族部落。二〇〇九年八月八日，莫拉克肆虐，憤怒的聲響沖毀了家園。隔天，台東聖母醫院就組隊前往救災，從事醫療服務及心靈撫慰。二〇一〇年十一月，風災後辛苦栽種的洛神花滯銷，讓農夫們的心情再次受到打擊，聖母醫院再次出動，以優於市場的價格，向二十九位災區村民陸續收購了約八千三百公斤的洛神花，並將這些洛神花加工製成洛神花汁、花乾與蜜餞；還研發出健康好吃、低熱量的洛神麵包、洛神酥等多樣化的農產加工品，解決了災區洛神花滯銷問題。

如果，參與體驗的民眾都能從此力行健康的生活方式，與尊重自然環境的價值觀，或許人與土地就能恢復健康正常的關係。

招牌農產：紅藜、葉菜、甜菜根，農產加工品。

產季：十月到四月是紅藜葉菜、十二月到四月是甜菜根。

聖母醫院
（全食物烘培坊、
聖母健康農莊、
聖母健康會館……）

1. 購買烘培坊產品、田園餐廳用餐
2. 消費者認穀（恩典米）
3. 農事、環境教育體驗

（健康農莊）
協助銷售農產

1. 提供烘培坊、田園餐廳食材。
2. 無償提供恩典米，供聖母醫院送餐服務

消費者

生產者
（當地小農）

左圖：台東聖母醫院蛋糕坊的修女與志工開始製作、義賣修女祈福蛋糕，籌建安寧病房經費。
右圖：台東白冷會士合影。

白冷會就是如此陪伴台東六十餘年。一九六一年，愛爾蘭聖母醫療傳教會應錫質平神父之邀請，派遣修女到台東協助設立產院，隔年成立了四張病床的聖母產院，延續迄今。一九六四年，白冷會在鹿野鄉、大武鄉、海端鄉修築河堤、開發河川地，做為原住民耕種之用。一九六七年，牧安東修士在小馬和平山設立一座小型示範農場，教導阿美族人製作有機肥料及畜養豬羊；並偕同池神父疏濬小馬、東河一帶的水田灌溉系統。二〇〇四年，蕭玉鳴修女為了籌措醫院照顧貧苦老人經費，以及台東唯一安寧病房永續經營下去的基金，設立聖母醫院蛋糕坊，開始製作愛心蛋糕義賣。修女們以真愛烘焙的「修女祈福蛋糕」，製作前均會祈禱三願：一願蛋糕做得成功，二願做蛋糕的人開心，三願吃蛋糕的人健康平安。二〇一三年四月，聖母醫院蛋糕坊與聖母健康農莊麵包坊合併為全食物烘焙坊，販售修女祈福蛋糕、手工麵包、長條蛋糕，以及餅乾等烘焙產品。

全食物烘焙坊強調全食物、在地食材、純手工、無化學添加；此外，也積極拜訪農戶產地，優先嚴選無毒、有機、友善環境的農產品。以二〇一四年為例，全食物烘焙坊在金峰鄉、東河鄉、延平鄉等地採購了約兩千五百公斤的無毒洛神花、兩千三百公斤的無毒土鳳梨、一千公斤的有機嫩薑，做為製作洛神酥、鳳梨酥、薑酥及手工麵包的烘焙原物料。

1964 至 1968 年間，白冷會向國外募款暨偕同天主教福利會以工代賑。在鹿野鄉、大武鄉、海端鄉修築河堤、開發河川地供原住民耕種使用。

其實，東部普遍存在著農村高齡化、產銷管道有限、農產量與價格即時資訊不透明等問題，經常造成薑黃、杭菊、洛神等農作物價格暴漲暴跌。為此，聖母醫院一直積極尋找具有共同價值與理念的農戶與消費者。二〇一一年元旦，聖母健康農莊正式開幕營運，除了解決災民就業問題，也為有機小農們提供一個友善銷售管道。

從一粒米開始的恩典

聖母醫院從二〇〇三年就開始為獨居及特別窮困的人提供送餐服務。以二〇一四年為例，總計送出

上圖：首次收割。下圖：2 公斤裝恩典米。

了約二十五萬個餐盒給失能老人、身心障礙及低收入戶學生，稻米需求量著實不少；若是再加上提供全蔬食餐的聖母健康會館和聖母健康農莊田園餐廳，一年至少需要十八噸的米。

東河鄉泰源幽谷附近的小馬地區，包括泰源部落李新木頭目等十四戶農民，因感念聖母醫院長期提供老人送餐服務，主動提供總面積達七甲的良田，讓聖母醫院泰源健康活力站無償使用。聖母醫院請當地阿美族人擔任田間管理人，二〇一四年七月，這片休耕長達三十餘年後田地，重新插上秧苗，並在十一月二十四日收割了十二噸的稻穀。因為有著背後這段故事，聖母醫院決定將其取名為「恩典米」。

恩典米的收成，一方面為送餐服務對象帶來最佳的食品安全保障，同時也圓了提供良田的地主們希望將收成分享給部落老人的美意。恩典米並以招募穀東方式募集資金，迄今已順利募集了一千位有愛心的穀東，除維持生產，穀金盈餘亦可用於偏鄉服務。

在經濟效益上，恩典米可以減少醫院的財務負擔，實質上則逐步恢復了原住民田地的糧食生產功能、創造偏鄉社區工作機會，同時也達到保護自然環境、維護鄉村景觀的功能；最重要的是，重新拾回阿美族老祖先傳統的生活智慧與健康生活方式，喚回希望與力量，讓人心更加美麗。

一板豆腐的自主權

地產地銷，講的是「種在地、吃在地」。早在二〇一〇年九月，聖母健康農莊就推出非基改的鹽滷豆腐體驗課程，希望透過親身體驗課程，讓更多人關注食安的議題。二〇一四年，總共有五千三百二十三位民眾參訪農莊，參與課程包括：香藥草麵包、蘆薈果凍、開心農夫、鹽滷豆腐、手洗愛玉……等，從土壤到餐桌，體驗各式各樣的環境教育。如果，參與體驗的民眾都能從此力行健康的生活方式，與尊重自然環境的價值觀，或許人與土地就能恢復健康正常的關係。

二〇一四年十二月，聖母健康農莊與公東高工共同研發一套實木榫接豆腐模具。民眾可以購買非基改、本土黃豆或黑豆，搭配一套豆腐模具，自己在家做豆腐。從小小一塊豆腐開始，守護自己糧食的自主權。截至二〇一五年六月，這套模具已銷售一千五百套。一千五百套豆腐模具的背後，代表著一千五百個家庭可以在一年的日常生活中，守護十五公頃種植有機大豆或黑豆的土地，同時減少或避免因購買盒裝豆腐所產生的一次性包裝垃圾。雖然，豆

公東高工瑞士籍老師承襲瑞士師徒制精神授業。

公東高工木藝中心校友與農莊烘焙組討論豆腐模具製作細節。

腐模具不是農產品，卻是本土雜糧復興運動一個很重要的敲門磚，也間接創造了傳統工藝木匠及友善耕作農夫的多元就業機會。

當做豆腐的自主權掌握在自己手裡，當消費者即是生產者的同時，你是否更會加注意餐桌上的食物有無農藥污染或食品添加物的風險？你會故意把有毒物質加在自己的食物裡嗎？在現今高度分工的社會，我們沒有太多機會參與勞動生產過程，輕易就可以取得日常生活裡所需要的食物，以致於吃進有毒物質的人越來越多。

這是一種生產者與消費者合作的特殊價值，就是從現在開始，為自己或親密的家人做豆腐，真切地保護自己與親密家人的生命，而非將自己的生命交在別人的手上；這是被多數人所忽略，卻是現今社會最需要的核心態度。

過去，聖母醫院陸續成立聖母健康會館、聖母健康農莊、健康活力站。二〇一四年三月，聖母健康農莊通過了環境教育設施認證場所，希望透過環境教育與各項體驗課程，觸發大家對環境的覺知與敏感度，提昇環境保護知識，進而更加關懷我們的地球環境。

豆腐模具。

台東聖母醫院

發揚醫療傳愛精神，照護偏遠、弱勢及貧病家庭，使人們活得健康、擁有希望。

成立時間：一九六一年創立台東聖母醫院，陸續協助當地居民、小農糧食生產及環境保護工作；二〇〇八年創立聖母健康會館，二〇一一年正式成立台東聖母健康農莊。

地址：台東聖母健康農莊：台東市知本路二段三七〇號
台東聖母健康會館：台東市南京路七十七號

臉書／部落格：粉絲頁「聖母醫院」、「台東聖母健康農莊」、「聖母健康會館」
台東聖母醫院：http://www.st-mary.org.tw/index.php
台東聖母健康農莊：http://www.healthfarm.com.tw
台東聖母健康會館：http://www.healthclub.org.tw/

營運方式：
聖母醫院下設的全食物烘焙坊，與當地農戶合作，以無毒、有機、友善環境的農產品為原料，販售修女製作的祈福蛋糕、手工麵包、長條蛋糕，以及餅乾等烘焙產品。聖母健康農莊一方面解決當地居民就業問題，一方面也為有機小農們提供一個友善銷售管道；同時提供環境體驗課程，讓民眾更關注食安的議題。

互動人數：

〔農友〕二〇一四年度，每週六聖母健康市集計有農友七戶，平日聖母健康農莊田園餐廳展售陳列販售農產加工品的農友十四戶、烘焙原物料採購農友八戶、恩典米無償捐助土地使用農友十四戶，總計四十三戶。

〔顧客〕二〇一四年度，餐廳用餐人數近七萬人，農莊宅配到府訂單人數約六五〇人，台東聖母健康農莊預約參訪五三二三人，恩典米穀束一千位；截至六月，豆腐模具銷售一千五百份。

永續概念：

持續推展多元醫療與長期照護服務、提供健康的在地食物、開發農產加工品與烘焙產品、協同發展偏鄉部落與農村自主的在地經濟、建立環境教育設施認證場所間的合作夥伴關係，並積極透過台東網路農場、直接跟農夫買、上下游新聞市集等合作。

食農教育型

地瓜與手機，你選哪個？

沐香農場

文・攝影／廖宣雅

噴農藥，第一個接觸到農藥的就是農人。
比起消費者，那些使用「慣行農法」的農人，健康面臨更大的風險。
保留這一塊地進行友善耕作，不僅是保留了餵養我們的良田，
更是保留整個灣寶社區的動能，以及關懷土地的力量。

地瓜可以吃，手機行嗎？

踏出簡樸的大山火車站，呼吸到的是鄉村的新鮮空氣。從車站前的馬路直直走，拐個彎，一晃眼就可以看見一塊一塊的良田。這裡是苗栗縣後龍鄉灣寶里，在靜謐的空氣中，很難想像這裡發生過多次轟轟烈烈的土地抗爭事件。

灣寶里原本是沒有養分的砂質地，老祖先們用牛車，一車一車，將村子外頭的黏土運到庄內進行土質改良，才讓這裡變成適合耕種的土壤。接著，為了水源的穩定，村庄的居民又決定各家各捐一塊地，興建水利設施。大家一起忍受了好幾年沒有收成的日子，才造就了現在灣寶里的樣貌。

灣寶里有一句話是這樣說的：「錢沾醬不能吃，但是地瓜是可以吃的。」沐香農場的主人，也是人人口

攝影／廖家瑞

「沒錯，現在科技很發達，
但手機可以吃嗎？
如果到最後只有地瓜和手機，你要選哪個？」

招牌農產：白蘿蔔、西瓜、地瓜、南瓜。

產季：十一月到一月是白蘿蔔，五月到七月是西瓜，春秋兩季是南瓜，地瓜則全年都有。

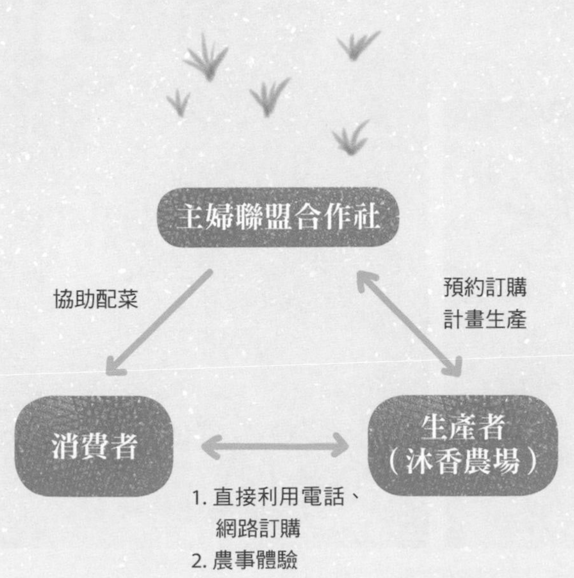

中的「灣寶女俠」洪箱大姊也曾說：「沒錯，現在科技很發達，但手機可以吃嗎？如果到最後只有地瓜和手機，你要選擇哪個？」

在地瓜與手機之間，灣寶的居民作出自己的選擇。他們拒絕人人稱羡的科技發展。他們想要認真、安穩地生活在祖先傳承下來的土地上，種出健康、營養的作物，餵養更多的人。

「你認養的那顆西瓜，最近如何？」

不過灣寶的居民也知道，捍衛土地的價值不能只是嘴上說說，要有更多具體的行動，說服更多人來一起守護。於是，在地的年輕人開始運用創意，舉辦像「幫西瓜找主人」、「翻滾吧！土豆」……等一系列的活動，在網路上招募認養西瓜與花生的人。在播種的季節來到灣寶，種下自己認養的西瓜、花生，在收成時也一起回到灣寶。他們希望可以透過實際的活動，讓消費者親自到產地走一走，在簡短而豐富的活動中認識，進而認同灣寶這塊土地。

左：灣寶良田內友善生產的白蘿蔔。右：每年灣寶西瓜節都會舉辦小型西瓜比賽。

一直到現在，洪箱大姊還是持續著西瓜認養的活動，透過臉書，三不五時更新西瓜的成長狀態，讓參與認養的大朋友、小朋友，可以隨時知道自己認養那顆西瓜的生長狀況。

到了西瓜採收季節，洪箱大姊會在網路上邀請大家，在灣寶西瓜節當天「回到」灣寶來找當時認養的小西瓜；臉書上也可以看到朋友們一個一個都在分享洪箱大姊種的西瓜，明顯感受到大家對「灣寶西瓜節」的期待。在消費者與生產者，與土地之間，似乎有一條隱形的線，將大家緊緊的牽在一起。

洪箱大姊還會在年假開始之前，邀請大家到她的蘿蔔田去拔蘿蔔。洪箱大姊會率領著一群大大小小的蘿蔔頭，浩浩蕩蕩地走向她的蘿蔔田。「這塊田的蘿蔔，就是拿去合作社做蘿蔔糕的蘿蔔喔！」現場的工作人

洪箱大姊。歷經多次土地徵收，洪箱大姊決定選擇深耕農業，希望喚起社會大眾對農業的重視。

白蘿蔔採收體驗，大朋友、小朋友帶著滿滿收穫回家。

員拿著大聲公說道。而早就等不及的大夥兒，已經衝到田邊，就準備戰鬥姿勢。接著，就聽洪箱大姊的指揮：「右邊這裡還有很多，大家過來這邊拔。」大家便開始認真的拔蘿蔔。

其實這是已經採收過一次的蘿蔔田了，剩下的大多是小蘿蔔，就像發育比較慢的孩子，這些小蘿蔔在採收過後依然努力的成長。是的，對農民來說，每一個作物都是寶，就像是自己的孩子一樣。

採收完蘿蔔，洪箱大姊就會邀請大家到她家裡去享用熱呼呼的鹹粥，粥裡滿滿都是蘿蔔乾，用料十分的扎實。大家吃得不亦樂乎，洪箱大姊就忙著四處招呼大家，許多參加活動的夥伴也趁著這個難得的機會抓著洪箱大姊聊天。只見大家隨地而坐，大人邊吃著大姊種的地瓜，邊聽大姊的人生故事；孩子們則早在一旁與大姊家的孩子一起分享著玩具。

這讓人想起某一次來到灣寶，那是一個炎熱

洪箱大姊向參加活動的消費者介紹沐香農場的地理環境，與祖先改造農田的歷史。

的午後，大家在洪箱大姊的家中聽故事。從祖先改良土質的歷史開始，到科學園區抗爭的點點滴滴，最後則是開始思考回歸到古早的有機耕作方式。也許，就是這樣的交流時刻，讓人不知不覺的喜歡上這裡輕鬆自在的空氣，還有腳下餵養我們的土地。

怎麼樣才可以吃得更健康、種得更健康？

木村大哥和洪箱大姊在多次抗爭中，開始思考不一樣的生產方式。究竟要怎麼做才可以讓消費者吃得更健康，可以讓農夫不要為了產量以及作物美觀，而持續傷害自己的身體。「老實說，噴農藥對農人是很不好的，因為第一個接觸到農藥的就是農人，濃度也最強。比起消費者，使用『慣行農法』的農人，健康面臨更大的風險。」洪箱大姊說。

於是，洪箱大姊花了三年的時間改良因農藥化肥而逐漸酸化的土壤。同時，他們也積極和主

灣寶西瓜節當中的趣味競賽——吐西瓜籽。比賽看誰吐的準！攝影／廖家瑞

婦聯盟消費合作社合作，除了契作有機的地瓜，也舉行各式各樣的產地拜訪活動，讓消費者有機會親身來到食物種作的現場，體驗種植的過程。

灣寶轉型的成功不單單只是木村大哥與洪箱大姊的努力。比方說，在轉型的過程當中一定會遇到的病蟲害問題，就有賴主婦聯盟消費合作社幫忙邀請農業專家到灣寶給予協助。曾經有一位專家和他們說：「自然生態農法不能用農藥，不過一定會有其他的解決方法。比如說把樹枝燒成灰，撒在田裡就是最好的肥料。」對木村大哥和洪箱大姊來說，這些其實就是「最土、最傳統」的方式，也因此讓他們領悟到：就是要回歸到古早的方法，與自然共生、順應自然，才可以不依靠農藥化肥，卻依然得到最好的收穫。

現在時不時會有對土地、農業議題有興趣的學生，到這裡交流、學習。保留了這一塊地，不僅僅是保留了餵養我們的良田，更是保留整個灣寶社區的動能，以及關懷土地的力量。

沐香農場

保留這一塊地，是保留整個灣寶社區的動能，以及關懷土地的力量。

成立時間：二〇〇三年

地址：苗栗縣後龍鎮灣寶里七鄰一二〇號

臉書／部落格：社團「洪箱灣寶沐香農場」
粉絲頁「灣寶沐香農場」

營運方式：主要利用台灣主婦聯盟生活消費合作社的契約種作種植、銷售；其餘的則透過熟客主動利用電話、網路訂購。

互動人數：

〔農友〕十人。

〔顧客〕一百到一百五十人。

永續概念：說服更多人一起守護，才能真正捍衛土地的價值；回歸到古早的方法，與自然共生、順應自然，才可以得到最好的收穫。

食農教育型

種米、種水，種出生物多樣性

貢寮水梯田・狸和禾小穀倉

文・攝影／方韻如

翻田時，鋤頭敲到的柴棺龜和黃鱔；插秧時，從田壁草叢間被驚起的長腳赤蛙；
涔草時，可以近距離觀察在稻上歇息的螢火蟲；
以及，收割時不經意看到從森林飛出的林鵰，讓大家有挺腰休息的藉口。
「有社群協力的農業，才能倚賴農業來維繫社區所需的環境資源。」

從保育水田生態開始……

最初是因為僅存的水田生態系快速消失，發現這些曾經熟悉的鄰居們正面臨嚴峻威脅，因此人禾環境倫理發展基金會來到貢寮，企圖尋求農人的協助，一起保育水田生態。而透過資源調查更發現，貢寮的水梯田其實具備了相當多元的環境功能——終年湛水的田間管理，補償了森林草原間逐漸劣化的水域棲地，成為至少五百一十一種生物的庇護家園，其中包括許多生存受脅的溼地動植物；同時，水梯田的灌溉系統串連起一張繞流的水網，活絡上下游的生命與營養交換循環，六十多種魚蝦蟹螺有將近一半依賴水網洄游完成生命史，是河溪與沿海生產力看不見的推手。水田也涵養、調節了多雨東北角的水資源，提供可穩定供應的民生用水。

但這豐饒的環境價值，在市場上並沒有價格支持，高勞力低產量的耕作方式不利於競爭，水梯田在七○

和禾水梯田稻作產量不高、面積也不大，但當中維繫的環境服務卻很獨特而重要，「每一片農田除了生產人吃的糧食，也都承載了多元的環境價值。」

招牌農產：和禾米。此外，還有和禾餅、和禾小穀力、和禾米香等點心，小狸洗皂、和禾歲記、有機棉T等特色設計商品。
產季：主要農產的和禾米，八月中收割；水田副產物「白花紫蘇」（和禾餅特色原料）以八月到十一月為主要收成期；里山副產物「森氏紅淡比蜜」，則於六月前後收成。
農夫市集：無固定參與市集，不過會利用參訪活動或小旅行，於「和禾田邊聊寮」自辦「狸山迷你市集」。

狸和禾小穀倉

1. 統籌招募「米糧型保育和夥人」預購米糧、「體驗型保育和夥人」體驗農事
2. 主辦並組織農戶帶領如「四季小旅行」、「和禾梯田深呼吸」等活動

1. 農戶提出符合「和禾田間作業規範」的田地面積
2. 雙方決定稻穀分級保價收購量
3. 協助研發農副產品

消費者　**生產者**

和禾田間管理的要求，促使農人找回友善環境的傳統作業方式。攝影／李偉傑

年代開始大量棄耕，最後僅剩極少數的家庭小面積種植供自家食用。

二〇一一年起在林務局的支持下，人禾與曾在貢寮教書的林紋翠老師，開始使用「里山倡議」[1]提倡的新合作互惠模式，組織「和禾生產班」，用更友善的方式經營我們共同的環境資本。「和禾」這品牌的「口」代表從「吃」可以支持生態稻作；「和」字也表示透過對環境的經營與對生物的讓利，找回你我和土地、農業和環境之間，相互依存的深厚關係。

恢復「為生態系服務」的耕作方式

調整不用藥的第一年，合作的農民平均七十多歲，都有四十年前不用化肥農藥的水稻栽植經驗。一開始支撐他們的，是「田不能荒廢」的情感，還有「田會咁水，彼時溪水少有暴漲或枯竭」的共同記憶。雖然對於有人要保價收購稻米充滿懷疑，但因著身旁年輕人的執著參與，老農們也

農陣學生組成的「青年割友會」雖說是為農戶助割，其實換來許多寶貴學習經驗。

展現了老一輩「說到做到」的誠信。這裡的水田自家保種、自家育苗，使用在地適存種原，原本用藥量就低，大家擔心的是負泥蟲——不用除蟲劑，要如何防除生長初期的負泥蟲？資深農人樹伯回憶起看過父親使用竹編蟲篩，仿製之後果然有用，於是生產班正式重啟不用農藥的傳統農法。

第一年，推動團隊在學習耕作的同時，試著用樸門永續設計觀點來詮釋，並引入生態調查與田間記錄，確認了這種「不跟天討太多」的在地傳統淺耕循環作業，確實可以做為棲地保育工具，因此演繹這傳統建立了生產班的友善作業原則，以及品牌「為生態系服務而耕作」的承諾。「種稻不難，但能否有合理報酬？」「收割時需要的大量人力在哪裡？」收割需要的高密集半技術勞力是一個待克服的瓶頸，而山村少與外界接觸的經驗，也讓團隊在思考引入人潮時必須格外小心，避免衝擊。在推動之初第一個收割季，號召山下的在地青年、人禾成員，以及農陣學生組成的「青年割友會」巡迴山谷，不但穩定農戶信心成為有經驗的助割主力，也重新帶動農戶間互助的風氣，並醞釀出後續體驗產業的發展。

1 里山倡議：里山一詞在日本原本指「鄰里附近有人利用的山野」，後衍伸為社會生產生態並存發展的空間意涵與資源使用模式。「里山倡議」是由日本環境廳與聯合國高等大學研究所，在二〇一〇年生物多樣性公約締約方大會聯合發起。提倡在環境承載下，向傳統文化學習循環使用資源之道，透過積極回饋在地社會經濟的方式，確保生態系服務與價值的維護。

和夥人的挲草體驗。在勞務協助中，認識田間水系生態。

接著有「肯夢企業」支持人禾的水環境保育教育計畫，購入碾米機，開啟現訂現碾的產銷模式。同時，在這群熱情友善的美髮工作者的鼓勵下，兩戶農家開始了仿日本梯田會員制的「體驗型保育和夥人」深度參與、學習，並長期陪伴。除了支持經濟與人力需求，一連串的互動也讓團隊更加了解田間智慧與環境學習的內涵，從中累積農戶解說及帶領活動的經驗。

感受健康的環境脈動

隨著「保育和夥人」制的發展，團隊希望用更多元的途徑，讓更多的環境權益關係人有不同的參與協力管道，於是由林紋翠成立了「狸和禾小穀倉」，統籌田間生產履歷管理，以環境友善分級保價收購，行銷、販售稻米，並陸續研發友善田區副產物的加工品，使散居的農戶間多了份穿梭聯繫的關心。

二〇一四年，農戶形成發展生態旅遊的共識，狸和禾也成為體驗學習產業的窗口，在人禾的培力與共同經營下，推出「四季小旅行」及團體預約的「和禾梯田深呼吸」，讓更多人來見證水田原本的生命

攝影／林紋翠

和禾水梯田除了生產糧食，也調節水源地的水資源。

力、以及傳統農法和在地智慧，體會到土地的取用來自健康的環境脈動，並實際在消費過程中回饋農戶對土地的照顧。這些感動來自於：翻田時鋤頭敲到的柴棺龜和黃鱔；插秧時從田壁草叢間被驚起的長腳赤蛙；搴草時可以近距離觀察在稻上歇息的螢火蟲；以及，收割時不經意看到從森林飛出的林鵰，讓大家有挺腰休息的藉口。累了，就順手摘幾片白花紫蘇咀嚼提神；打穀機器桶放心地碾過一地紅皮書植物，因為知道十天後它又能欣欣向榮；濕穀過篩前，別忘了救出誤入的中國樹蟾或鉛色水蛇；踩稻頭等於一堂一米見方卻講不完的生物課……以及年復一年，感受著不用化肥的田土越來越柔軟、水草越來越豐盛。

還有更多與農人互動後的領悟：有人說看著蕭二哥與牛群間的溫柔互信，

感動如四周濃霧，久久不散；小朋友在農青守隆的指導下與蜜蜂合作共產共享紅淡比蜜，迫不及待又捨不得吃完這來自潔淨山林的禮物；稻埕曬穀的樹伯在落雨前奔回田裡，像教練親自上陣般鼓舞疲累的和夥人完割的景象，是震攝人心的田野團隊教育；以及每次下工後，二嫂與蕭阿姨變出的菜餚，都有田埂林緣「山羌吃剩」的想像。

而核心團隊最惦記的，是生產班另一半不便參與體驗產業，卻持續默默耕耘的班員們：專職務農的兩兄弟得到肯定，與牛一起把一塊塊荒掉的旱地整理回水田，讓團隊感動不已；而合作田地從二點四甲逐年擴大到七甲，讓狸老闆對榮燦伯過世前那句「以後就交給你了」終於有了點交代。

對返鄉或生活重心移回農地的青壯年來說呢？恩豪面對仍不確定的未來，最大心願是希望家鄉土地永遠維持自然的美好；在山林裡找回健康與放鬆的守隆，珍惜換工割稻和田邊聊寮修復時找回的人情味；種田種到怕、跑到台北工作二十多年的蕭二哥，完全沒想到家鄉的土地與農業會得到這麼多人的重視與肯定，現在這裡的新開始與新價值已變成他的新責任。而那些吃過有機米或自然農法種植的米的農戶「再也回不去了」，即使自家食用的田區，也因為「不好吃」，而不再使用便宜的化學肥。

誰的社區？誰需要環境服務？

和禾水梯田稻作產量不高、面積也不大，但當中維繫的環境服務卻很獨特而重要，團隊夥伴們希望藉由這案例說明的是：每一片農田除了生產人

水梯田維繫了受脅生物——黃腹細蟌的家園。攝影／林秀麗

保育和夥人體驗割稻工作。

吃的糧食，也都承載了多元的環境價值。因此也參與慈心基金會與林務局推動的「綠色保育標章」，與「守護宜蘭工作坊」之「三生實驗田」交流研討，希望建立出一套發掘農地環境價值的方法。

越發掘，越會發現農地的健康牽連甚廣，而進來協力和禾產業的個人或團體，其實也都是這些環境功能下的受惠者。這其實是一個跨越社區地域的「環境權益關係人」社群，山下的公眾需要找出維繫這個社群合作的新方法，來協力農人去維繫我們生存所需要的環境資本。因此這個案例期待進一步推動「生態系服務給付」的常態投資，讓更多貢寮以外、或水梯田以外的土地經營者，獲得制度的穩定支持。除了種植作物，也照顧好我們賴以維生卻常常視而不見的環境關聯。

狸和禾小穀倉

不僅為健康糧食，還耕耘我們的共生家園！種水種米種未來，重新找回你和禾的豐饒共濟。

成立時間：二〇一二年開始有明確田間作業準則與核驗產銷的合作組織，二〇一三年正式成立「狸和禾小穀倉工作室」。

地址：新北市貢寮區內寮街六十五之二號。（和禾田邊聊寮，開放時間：週五到週日）

臉書／部落格：粉絲頁「狸和禾小穀倉」

狸和禾小穀倉：http://monghoho.blogspot.tw/

貢寮．水．梯田：http://kongaliao-water-terrace.blogspot.tw/

營運方式：

以「狸和禾小穀倉」為運作主體，每年徵求農戶提出符合「和禾田間作業規範」的田地面積，雙方先決定稻穀分級保價收購量，再由狸和禾統籌，招募「米糧型保育和夥人」預購米糧，以及「體驗型保育和夥人」體驗農戶農事，並定額贊助生產班或個別農戶的保育給付。

狸和禾還會主辦如「四季小旅行」、預約制的「和禾梯田深呼吸」等活動，組織農戶帶領活動並供應在地食材餐。活動收入扣除成本後，提撥至共同基金，用來維持活動以外、純農業環境的維護運作。

二〇一五年起，蕭春益夫婦在人禾與肯夢、林務局、桔聚創藝的支持合作下，將廢棄田寮規畫整修成「和禾田邊聊寮」，做為生產班上課解說與聚客交流的基地。

互動人數：

〔**農友**〕截至二〇一五年初，生產班有耕作農戶十戶，共計七甲地；其中有四戶常態性協助體驗產業分工。此外加上狸和禾成員、人禾基金會，以及一群因認同而投入其中的貢寮在地與外地青年，進行農務與體驗產業。

〔**顧客**〕二〇一四年「體驗型保育和夥人」招募四十組、「米糧型保育和夥人」計六十口。此外，還有逐年增加的產品及體驗活動消費者；肯夢店內常態藉VIP點心分享方式，分享和禾餅及和禾米香。

永續概念：

建立在環境權益關係上的三種合作途徑，支持維繫生態系服務的農業：

1. 消費者透過「社區社會企業」的行銷與研發，認識並購買友善環境農產及副產品。
2. 環境資源使用公眾透過「環境資源主管機關」及「非營利組織」，將「生態系服務」委託給生產班農戶維護經營。
3. 農戶、社區居民、及活動參與者，透過體驗產業的過程與交流，交換各種可能資源與環境經驗。

食農教育型

野上野下

從文青到農青，變身農友的萬能後台！

文／周季嬋　攝影／連偉志

「買食物的同時，你會思考這是誰種的嗎？為什麼在不同地方種的，味道口感不一樣？」「消費者參與農事，真的能讓農人省很多工嗎？」野上野下把自己當成農友的後台：所有農友們不擅長的事情，野上野下都要想辦法協助達成。不會種田的「後生仔」，和農友形成互補的合作關係。

農事體驗？從偽工人開始

大約七年前，「農事體驗」這個詞還沒出現，在美濃的幾個年輕人就常常有被叫去「幫忙」的經驗。要幫忙的對象大部分是啟尚哥。

啟尚中年才回鄉種有機。那時，美濃人對「有機農法」還很陌生，啟尚哥成為大部分美濃農民眼中的異類——比如，田裡長草被說是太懶惰，沒灑除草劑。啟尚哥種的是地瓜。收成時，請不到工人的啟尚哥就會找一些「看起來」沒有正常職業的「後生仔」幫忙。

收成地瓜的步驟算簡單，沒什麼農業技術的人也可以盡一己之力。首先要割地瓜藤，以免鐵牛把地瓜翻出來的時候卡機器。一人一行，邊割邊把藤捲起來，像捲牧草卷一樣，附近養羊人家會把這些藤載回去當飼

我們希望來玩的人可以親近土地、認識自己的餐桌、透過作物和農人做朋友；也希望每個孩子從小就能吃到食物的美好眞滋味，培養健康敏銳的味覺。

招牌農產：紅豆、地瓜、白蘿蔔。

產季：十一月中到十二月中是白蘿蔔，一、二月是紅豆，二、三月是地瓜。

農夫市集：不定期參加

野上野下

農事體驗

參與協助農事

提供農產品包裝設計、刊物編輯靈感及內容

消費者

生產者

收成地瓜的第一個步驟是「割藤」，以免翻地瓜時卡機器。

料。割藤考驗耐心與腰力，對一天到晚顧電腦的宅男宅女來說還真的滿累的，所以割完藤大家會在田邊吃點心休息，邊看著啟尚哥開鐵牛翻地瓜。吃完點心，剛好有力氣把土堆裡的地瓜撿起、收進袋中。地瓜看起來強壯，但是絕對要小心輕放，稍有破皮賣相就不好了。最後把地瓜搬上貨車，就算完工；兩人一組扛一袋三、四十公斤的地瓜，看似簡單卻最耗體力。工作結束後，啟尚哥會一人給一個袋子，自己裝地瓜當作工資。

對啟尚哥來說，能迅速地收完地瓜省事又省錢。對那一票「後生仔」來說呢？能去田裡玩一個下午還有點心吃，此外，地瓜在田裡的長相、收成的步驟、知道地瓜的葉子不是「地瓜葉」……最重要的是，好吃的地瓜該有的滋味，都在不知不覺中寫進人腦記憶體。這應該就是所謂的「農事體驗」吧！

先用鐵牛將地瓜翻到地面，再揀選放進袋子裡。

從作物識農人

紅豆湯則是另一個故事。一碗改變二十年印象的好吃紅豆湯，讓人開始好奇雪梅姊的種紅豆方法。問她怎麼種的，她很不好意思地說：「就紅豆啊，而且還賣不出去。」因為喜歡吃紅豆，所以開始種紅豆；但即使是種給家人吃的高水準紅豆，盤商還是開出跟一般紅豆一樣的價錢。雪梅姊不甘心，「不賣了！我自己吃。」於是，接下來兩年，雪梅姊開始找「後生仔」去「撿紅豆」。

草盛豆苗稀，不是只有陶淵明才能領悟，雪梅姊也能。雪梅姊的紅豆田不用除草劑，選擇用手拔草。要讓紅豆自然成熟，需要比一般人工加速乾燥法的紅豆多等大約兩週；而且因為沒有噴灑化學製劑，紅豆乾燥時間不一，豆莢會一個個慢慢成熟、乾燥、彈開，然後才是一顆顆的紅豆落地。「植株和葉子乾透了才是成熟啊！熟了才好吃。」雪梅姊年復一年，選擇麻煩的種法。

近幾年，美濃的紅豆產量僅次於屏東萬丹，每到收成期就可以在紅豆田裡看到會動的米勒畫作「拾穗」。收割機收完，就是撿紅豆的婦女上場的時候了，她們的組成除了農人，還有附近鄰居，也有消息靈通的專業撿豆人。這些撿豆人會把撿來的豆直接賣到市場上，不種豆也賺到一筆紅豆錢。雪梅姊有兩塊紅豆田，面積小的那塊直接就用人工採收；大的那塊則先用機器割，割完之後再馬上下去撿，撿到天黑，隔天早上繼續撿。

雪梅姊雖然謙虛，卻深知自己紅豆的價值，捨不得讓別人撿去賤賣。

數十種紅豆慣用農藥，雪梅姊也只使用防開花期薊馬的防蟲藥，只見她一邊挑著「蟲咬豆」一邊說：「反正可以開花就有豆，讓牠們吃一點沒關係啦！」收起來的紅豆得先曬再挑、挑過之後再曬，最後才能儲藏，種種費工費時找麻煩的手續只為了要讓紅豆好吃。直率的心意讓這群撿紅豆的「後生仔」決定：找更多人來玩！

為了「找更多人來玩」，變身農友的萬能後台

二〇一一年，當初的那批撿地瓜、撿紅豆的後生仔成立了「野上野下」工作室，二〇一二年，正式開始與農友合作農業體驗活動。不過，要說服雪梅姊開辦撿紅豆活動，著實費了一番工夫。

大家想的很簡單，只要花比一頓下午茶還便宜的「門票」，不但可以吃喝玩樂一下午，還能把平常買不到的美味紅豆帶回家。雪梅姊想的卻是：「對大部分人來說，撿紅豆無聊又辛苦，怎麼會有人來？」

雖然察覺到雪梅姊既害怕又期待的心情，但紅豆成熟在即，還是試著先放消息。活動前除了安撫她緊張的情緒，不忘提醒她：記得煮一鍋紅豆湯來田裡唷！第一年只有六個家庭報名參加，一開始簡單說明紅豆的種植過程，接著就開始撿紅豆；點心準備好了，就喊大家快來吃。小孩們總是會跑過來喝兩口紅豆湯，又跑去撿紅豆，然後又跑過來再吃兩口。有媽媽吃醋似地對小孩說：「你不是討厭吃紅豆嗎？我煮的都不吃，為什麼現在一次吃兩碗？」小孩帶著無辜的眼神，一口接一口地喝著紅豆湯，讓大家都笑開了。

參與的大人們除了撿豆，也跟雪梅姊和張大哥聊作物、交流煮紅豆的方法；小孩也已經玩在一起、奔跑

為農事體驗取個可愛的活動名稱，讓大家帶著玩樂的輕鬆心情前來。

在田裡。笑聲伴著夕陽餘暉，傍晚的冷風吹起，互道再見。小孩說：「我下次還要來！」

原來農事體驗真的可以帶來歡樂，大夥兒的擔心換成信心，期待下一次邀請大家來田裡相見的機會。

接下來，隨著季節作物，野上野下開始陸續提供農事體驗的機會，還會三八的取個可愛的活動名稱：小蘿蔔頭俱樂部、地瓜挖挖挖、紅豆很慢、春天的高麗菜小趴踢……無非是希望大家在出發前就帶著玩樂的輕鬆心情。

野上野下把自己當成農友的後台：為了讓農友無後顧之憂的上台，所有農友們不擅長的事情，野上野下都要想辦法協助達成。例如跟網路技術相關的活動宣傳、報名系統、對帳，還有擔任回答問題的總機，設置場地、引導、解說、協助準備點心……等等。這些事情看似不難，但對一天八小時都在摸土的農人來說卻無比折磨。不會種田的「後生仔」，和農友形

農事體驗需要設計。設計的有趣，才能讓人持續走進田裡。

成互補的合作關係。

從自己玩，到讓更多不認識的人也樂在其中，是一段邊走邊學的路。除了因體驗而生的工作內容，與農相關的知識更是學也學不完。

是價格，還是價值？

消費者參與農事，真的能讓農人省很多工嗎？農事變體驗，等於把農產品的生產過程變成一種設計。農人的作業流程原本是很直覺的，累積的經驗反射在每一個動作，並不是每個過程都能讓生手樂在其中。比如說有一次雪梅姊說起地瓜種不完，野上野下的成員就自告奮勇說要「幫忙」。「就這樣，很簡單。」雪梅姊先示範一次，接著就是學著她的動作，拿一株苗，插進隆起的畦中間。看著簡單，但是株距要留多少？藤在土裡的角度？如何施力才順手？不簡單的讓人尖叫啊！如何讓農業體驗有趣，是設計農業體驗的首要條件；有趣，才能讓體驗者持續走入田裡。

參與活動的人越來越多，雪梅姊作物受到更多人喜愛，不必屈服於大盤商，她也對友善耕作更有信心。不過，正因為參與活動的人變多，開始出現客訴，以及一些從沒有想過的反應。有人說：「拜託～我自己來挖來拔，應該要算更便宜吧！」或是「現在去菜市場買才多少錢，你們這個量會不會太少了。」當然，也得到繼續前進的燃料：「你們不能不辦啊！你看小孩玩得多開心。」、「我們需要好的農產，也想來找農夫。」、「體驗無價」。

二〇一三年的地瓜大豐收，每單位大約有五十斤，折算下來比採用慣行農法的一般地瓜還便宜。看到地瓜豐收，大家挖到筋疲力盡，問雪梅姊夫婦說：「為什麼不把可以挖的範圍縮小一點，這樣多出來的地瓜還可以繼續出貨，就能有更多人吃得到，收入也會變多。」得到的回答是：「客人願意來這種鄉下地方就很高興了，遇到豐收算他幸運啊！沒關係。」

沒想到，隔年就遇上地瓜歉收，種法一樣，產量卻大不如前；白玉蘿蔔也是，從上一季開始就不比以往豐富。除了不用藥會讓周圍的昆蟲跑來避難，氣候的變遷還是歉收最主要的原因。二〇一四年夏天沒颱風、秋天不變涼，以往冬天有的豐富霧氣，這一年也變薄了。農業生產環境變困難，不是這一年才發生，是漸進式的。

還要繼續做這樣吃力不討好的事情嗎？或許可以試著回到原點思考：買食物的同時，你會思考這是誰種的嗎？同一種名稱的作物，比如說地瓜，為什麼在不同地方買，吃起來的味道、口感會不一樣？種植的過程友善嗎，還是生產者也是抱著「反正這是別人要吃的」的想法？

因為有這些懷疑，加上有雪梅姊、啟尚哥這些不怕別人笑傻的友善農友，野上野下開始另一項活動——「到產地直接面對生產者，親手帶走農作物」，就是請宅配熟客親自到產地取貨，除了比直接買更划算，為了回應大家的心意，雪梅姊夫婦和啟尚哥還會用自己的農產煮美味的點心招待。

這個活動除了希望來玩的人都可以接近土地，讓更多不同族群的飯友（天天都要吃飯的朋友）有機會更認識自己的餐桌；也讓小孩從小就能吃到食物的美好真滋味，培養健康敏銳的味覺，長大後可以辨別那些對身體不好的食物，讓黑心商品慢慢減少。

雪梅姊收成地瓜的喜悅。

野上野下

希望有更多人感受美濃的好。在這裡生活的人變多，農地消失的速度應該也會慢下來。

成立時間：二〇一一年成立工作室，二〇一二年開始與農友合作農業體驗活動。

地址：高雄市美濃區中山路一段十四號

臉書／部落格：粉絲頁「野上野下 × 遛食冰」
野上野下：http://wildandfield.blogspot.tw/

營運方式：

有三名成員，以農村意象的產品創作開始，也做了農產品的包裝設計、刊物編輯。目前以「野上野下小鋪」做為窗口，展售小農商品。提供產品企畫設計，不定期與農家合辦農事體驗活動。

互動人數：

〈農友〉固定合作農友三人。

〈顧客〉不定期舉辦農事體驗活動，單場人數六十到兩百人不等。

永續概念：只要農村還在，野上野下就不會消失。

高雄美濃農會・美濃白玉蘿蔔股東會

拔蘿蔔，大家一起拔蘿蔔！

文／鐘怡婷　攝影／連偉志

「小蘿蔔」之所以特殊，主要在於它恰當的形狀大小，以及醃漬後的薄脆口感；因此才能在美濃在地消費的飲食文化中保存下來，沒有消失在追求西方飲食的時代洪流裡。美濃農會結合在地團體，發起「美濃白玉蘿蔔穀東會」，股東預先認購、親自到產地收成作物，「蘿蔔小天使」成了田間最美的風景。

土中生白玉

二〇一四年，美濃白玉蘿蔔股東會認購活動剛開始沒幾天，認購股數就宣告額滿，讓許多想要參加活動的消費者鎩羽而歸。這究竟是個什麼活動，為什麼才一開放認購就被「秒殺」？

現在被稱為「美濃白玉蘿蔔」的白蘿蔔，在二〇〇六年之前還沒有太多人認識，它像是小農家年年播種收穫，卻只為留給自家品嚐的一道祖傳私房菜。為什麼？因為這款白蘿蔔長得細瘦又短，在市場的菜攤上跟一般大眾熟悉的白蘿蔔比較起來，實在顯得不怎麼起眼。美濃當地人都把它叫做「小蘿蔔」，離開美濃之後，這種「小蘿蔔」大概會落入次級品的下場，但美濃在地、深知其特殊風味的婆婆媽媽，會在每年固定節氣自己種一些來吃，不然就是在收成時節直接向固定農友訂購。

照片提供／美濃農會

返鄉投入農村產業振興的工作夥伴看見了「小蘿蔔」，靜靜地從褪去菸草的農田後方探出頭來。「小蘿蔔」個頭並不壯碩，但它具體而微的展現了飲食文化、農家智慧和不忘本的精神傳承。

招牌農產：美濃白蘿蔔

產季：秋季

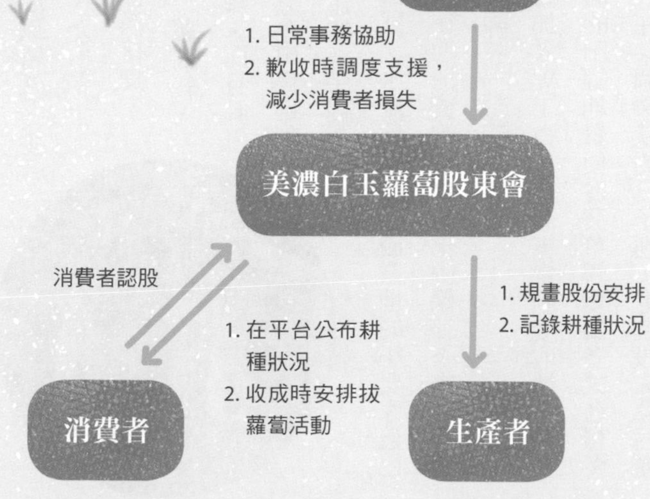

「小蘿蔔」之所以特殊，主要在於它恰當的形狀大小，非常適合用來製作各種保存食，比如蘿蔔乾（菜脯）、蘿蔔絲、醋漬醃蘿蔔、老蘿蔔；而且其外皮部分較薄，可以不用經過削皮這道程序，所以在醃漬或曬乾後反而能保有脆脆的口感。小蘿蔔就在美濃當地的小農家自己留種、自家醃曬漬、在地消費的飲食文化中保存下來，沒有消失在追求西方飲食的時代洪流裡。

二〇〇二年台灣加入ＷＴＯ，菸酒專賣制度取消，此後每到秋冬季節，美濃的田園地景便從菸草轉變為各式各樣冬季短期蔬菜或果樹。在某個深秋的日子裡，返鄉投入農村產業振興的工作夥伴看見了「小蘿蔔」，靜靜地從褪去菸草的農田後方探出頭來。「小蘿蔔」個頭並不壯碩，但它所承載的飲食文化、農家智慧和不忘本的精神傳承，似乎將美濃傳統三合院正廳中，土地龍神牌位的上聯「土中生白玉」，具體展現在人們的日常生活中。

「小蘿蔔」的形狀、大小，非常適合製作各種保存食，比如蘿蔔乾、蘿蔔糕、醃蘿蔔。

拔蘿蔔，不只是拔蘿蔔

二〇〇六年開始，美濃農會結合關注農村產業發展的在地團體，首度舉辦以這種美濃小蘿蔔為主角的產業文化活動，並且開始以「白玉蘿蔔」為名，向外界推薦這項農產品。一開始的活動不收費，參與民眾可以自由到田裡拔蘿蔔，但為了讓消費者能更珍惜農產品，從第二年開始，之後每一年在白玉蘿蔔收穫季舉辦的拔蘿蔔體驗活動都改成收費型式。

既然要收費，主要協助農會創意發想及活動方向擬定的在地團體──美濃農村田野學會，便主張要藉此機會深化「拔蘿蔔」的教育意義。於是，一個原本以免費提供吃喝玩樂吸引大眾的活動，轉為藉由收費來傳達農業價值、農村文化的親子型食農教育活動。接下來幾年，活動參與人數愈來愈多，美濃小鎮在一天內湧進了人數難以想像的外來客，這使得美濃農會與協作團隊開始思考：該如何分散人潮，既不影響美濃在地的日常生活，又可以讓更多的外地朋友來親近土地。

在作物收成前就先將收成賣出的「認股制度」，是讓消費者在種植季節之前，預先付費購買農產品的一種社區支持型農業制度，在台灣的農食生產消費鏈中，以稻米最為常見。

種植期間，「股東」可透過臉書、部落格獲知耕種狀況，收成時可親自到場採收。

二〇一一年，美濃農會協同在地民間團體、青年文創工作室及專業行銷公司等內外部資源推出「美濃白玉蘿蔔股東會」。以四到五坪為一股，一股的費用是五百五十元，消費者認購的不是固定額度的收成量，而是固定面積的蘿蔔田。依平均產量估算，每一股大約可收成五十台斤，這樣消費者等於是以一斤十一元的價格，購買五十天後收成的白玉蘿蔔。

股東會亦設置了「蘿蔔小天使」的角色，在認股後、採收前，以照片搭配簡單文字，記錄蘿蔔生長過程和農民的田間管理動態，不定時更新在社群網站上，讓股東們有機會隨著蘿蔔的生長過程更加認識農民與農作勞動，加深消費者與生產者和產地現況的連結。

是認購蘿蔔，還是買活動入場券？

美濃白玉蘿蔔股東會也曾遭遇所有預先認購

制度會遇到的難題：當天候不佳影響蘿蔔生長，最後導致歉收的情形出現，消費者該如何與生產者共同承擔風險？

受到全球氣候異常影響，蘿蔔股東會第一年便遇到了這個大問題，本不該有強降雨的季節卻突如其來地降雨，蘿蔔淹沒在農田裡的積水中。所幸災損發生在蘿蔔生長初期，為了不讓收成量掛零，農民在田土稍乾後立刻重新翻土、重新播種，還來得及再種一次。但也曾發生過降雨在採收期前，嚴重地影響了收成，農田中許多已成形冒出頭的蘿蔔因浸泡在積水中而腐爛。為了補償消費者的損失，農會決定向其他農民收購整區農田的蘿蔔，來做為提供給股東的收成，至於其中增加的成本，由農會吸收。是否該讓股東承擔風險、承擔多少，至今未有定論，只能祈禱天候異常的狀況盡量少發生。

股東是否該與農民分攤生產過程中的風險？這問題涉及了每位農民面對的股東是否是一群固定的群體。若是一群固定、理念相近的股東，與農民共同經歷生產過程中的變動，也許比較可能產生共同承擔風險的想法；但由於目前美濃白玉蘿蔔股東會的操作模式比較屬於活動性質，尚未創造出一個固定支持農民的社群，也因此比較難傳遞社區協力農業中股東與生產者共同承擔風險的概念。如此一來，難免會對這個活動產生「股東認購的是『蘿蔔』本身，還是參加『拔蘿蔔活動』的入場券」這樣的疑問，這也是目前無法確切判別美濃白玉蘿蔔股東會是否屬於社區協力農業實踐模式的關鍵。

不過，強大的外部支援體系的確是美濃白玉蘿蔔股東會到目前為止成功運作的重要原因。美濃農會全力支援並努力向外尋求資源的情況下，不管財務、人力或創意，都獲得了自上到下的持續挹注。農會在生產者與消費者之間所扮演的角色，也許會是台灣本地發展出創新社區協力農業模式的關鍵因素。

美濃白玉蘿蔔股東會

米食與蘿蔔代表了農村餐桌上簡樸與細緻的風格，正是美濃的精神！

成立時間：二〇一一年

地址：高雄市美濃區龍東街一二一號

臉書／部落格：粉絲頁「美濃白玉蘿蔔股東會」
美濃白玉蘿蔔官方部落格：
http://meinung-whitejaderadish.blogspot.tw

營運方式：
每股單位面積約為四到五坪（含排水、步道等公設面積）。個人股東一股五五〇元，認股數量不限，股份依匯款先後為序，登記完為止。消費者確定認購面積，並完成付款。種植期間，股東可透過臉書、部落格等平台獲知耕種情況，收成時可親自到場採收。此外，為避免人數過多，影響採收，每股參加採收人數限定為五到七人，原則上一次採收完畢。

互動人數：
〔**農友**〕二〇一四年合作的農友有七人，多為採取友善種植、返鄉務農並樂於與消費者互動的農民。

〔**顧客**〕個人認股：二〇一四年總共開放一三六五股認養，收成日計有一萬名左右消費者參與拔蘿蔔活動。

企業認股：以零點五分地為一股，認股面積總計二十公頃，收成日計有五千名左右消費者參與活動。

永續概念：

隨著知名度提高，願意參加認股的消費者大幅增加。消費者的支持，相對可減少對政府補助的依賴；此外，未來預計逐年減少宣傳費的支出，將資源投入協助農民採行環境友善生產，並維持一定品質的食農教育活動設計。

農會&產銷合作型

溪州尚水．溪州鄉立幼兒園在地食材計畫

讓孩子從「吃」，認識農作、認識自己的家鄉

文／陳慈慧　照片提供／溪洲尚水

你覺得二十六元能買什麼？於是，營養午餐當然只能充斥廉價的加工品和批發食材。

營養午餐的特性是穩定，但農作物生長卻得看天吃飯，兩個特性完全不同，挑戰就來了！

這群阿伯阿姆通常在家裡有一塊小菜園，自己種、自己吃，多的拿出來賣。

於是，溪州的菜單裡出現了許多都市長大的小孩根本沒有吃過的菜：

結頭菜、菜心、醜豆、蛇瓜……

二十六元的午餐費

如果，農人種植的蔬果可以直接送到我們的口中，好不好？

如果，農人辛勤的種植，可以免去中間的剝削，好不好？

如果，消費者能夠與生產者做朋友，消費者支持農民的生產、農人提供消費者友善的糧食，這樣，好不好？

這是一個綺麗的夢想。

在島嶼的濁溪之洲，有一群人正踏著小小的步伐，從孩子們的碗裡——試驗、實踐、努力逐夢。

期待有一天，我們真的能說：
從此以後，孩子與農人一起過著幸福與快樂的日子。

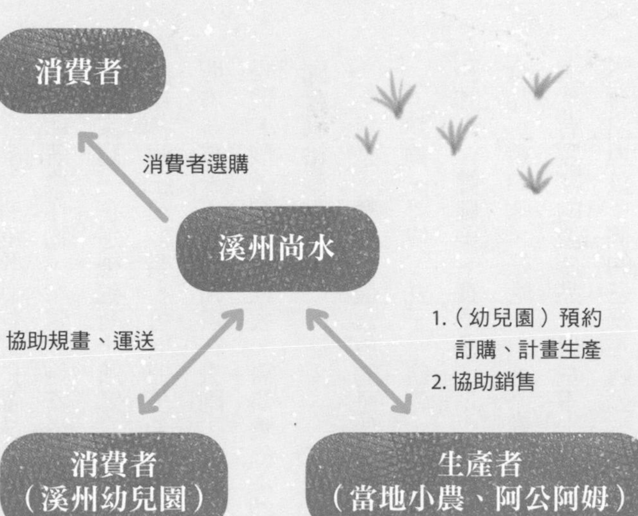

鄉公所捨棄過去委託中央廚房模式，改由社區內需要兼職的婦女來當廚房媽媽。

濁溪之洲——溪州鄉，位於濁水溪的北岸，在這裡有世代居住的農人，他們辛勤照顧著農作物，希望能夠安身立命、照顧好家庭。在這裡也有十所鄉立幼兒園散落在各個庄頭，農人可以把孩子交給老師照看，孩子可以自由自在去跑、去玩、去學習。孩子們需要長大，需要養分；幼兒園會供給餐點。

只是，餐桌上最常放的是什麼呢？熱狗、雞塊、丸子、餅乾、夾心酥、沙其馬、健健美、養樂多……一大堆加工食品，重口味、好吃，但卻不健康。當地雖然有豐富的農產品，但基本上，碗盤裡不會出現孩子們的爸媽、阿公、阿嬤所種植的作物。

過去，幼兒園將營養午餐分為「食材供應」以及「烹煮」兩個標案，透過「最低價標」交給民間廠商處理。為了得標，廠商只能不斷的壓低標金。所以溪州鄉的孩子，每天早餐、中餐，加上下午的點心，三份餐點的所有食材費、物流、人事費大約是二十六、七元；大家覺得二十六元能買什麼？於是，營養午餐只能充斥著廉價的加工品、廉價的批發食材。

同時，為了有效率、節省經費，廠商會在中央廚房集中烹煮所有餐點，再巡迴全鄉，將每日的三份餐點「一次」送到溪州十個庄頭的幼兒園，等到中午飯菜早已涼掉。夏天天氣悶熱，老師甚至還得提前將餐桶蓋子掀開，避免食物悶著發酸腐臭。

二〇一〇年，一群愛鄉愛土的彰化溪州人打贏了一場選仗，走入體制，加入了台灣最基層的行政單位——鄉公所。

為了改變營養午餐的狀況，也為了實踐友善農業，時任鄉公所主秘，同時也是作家的吳音寧，著手改革。一方面，當鄉公所與先前的食材供應商合約到期，她就極力爭取鄉公所自辦營養午餐計畫；另一方面，將食材供應的標案從「最低價標」改成「最有利標」，讓營養午餐評選不再只看單價，還必須納入「品質」這個選項。

而且，這個「品質」不只是書面的證書，鄉公所要求廠商必須盡可能提供在地的安全食材，試著從鄉立的幼兒園開始，讓農鄉的農人直接提供蔬菜、水果、米飯給在地的小朋友；試著從這最小的教育場所開始，讓孩子們吃得健康，也讓農人多一個管道能就近販售農產，並獲得友善的收益。最後，食材供應部分先後由台灣原住民族學院促進會、溪州尚水友善農產承接標案。

烹煮的部分，鄉公所放棄過去委託民間廠商設置中央廚房的模式，到社區找有料理能力、需要兼職工作機會的婦女來當廚房媽媽。看起來，一個由在地媽媽，烹煮鄰居阿伯阿姆種的菜給孩子吃的美好想像即將展

開……如果照童話故事，現在應該要接最後一句「從此以後，孩子與農人一起過著幸福快樂的日子」。但到了真正要開始時，才發現現實並不像童話故事那樣的美好。比方說，原本以為絕對不會有問題的在地食材，其實並沒有那麼容易取得。

吃在地的菜，沒那麼容易

「地產地銷」的最大課題便是了解庄內的農人平常都種些什麼。要讓孩子吃到在地食材，首要課題必須拜訪農家，建立生產者與農產品項的的資料庫，並說服農友配合友善耕作、多樣化生產的種作方式。

西邊種瓠瓜的阿伯說，他一天採收五百斤，要另外幫我們準備二十斤、多賺個一、兩百元太麻煩；南邊種高麗菜、大白菜的大哥說，這菜蟲太愛吃，夏天必須照日子噴農藥，自己種了自己都不敢吃，還是別給小朋友吃的好。雖然，北邊的阿姆願意給我們地瓜葉、東邊阿叔願意提供我們芭樂，但

學校每學期會與廚房媽媽開會，理解廚媽的烹煮需求；也會收集小朋友的意見回饋，變化菜色與烹調方式。

總也不能天天吃芭樂、餐餐地瓜葉……。

這才理解，在全球化的貿易體制下，一個地方的物種是如何因為專業化而逐漸減少，在地的特殊菜不斷地消失；為了生存，農人開始大量生產最有效益的東西，如溪州就成為一個充滿芭樂、水稻與大白菜的地方。

同時，現代社會利用繁複、多層的運輸系統互通有無，也利用大量的農藥、肥料改變了作物生產的環境。長久下來，我們已經習慣超越自然、沒有四季差別的菜單，我們習慣早餐吃麵包、習慣一年四季都吃高麗菜、絲瓜、蘿蔔，可是台灣就是沒有種那麼多小麥；溪州這樣的平地夏天就是不適合種蘿蔔，種高麗菜就是要用很多農藥，冬天就是不能種絲瓜。

要如何找到適合的、足夠的、多樣的，且順應自然、不需要用太多藥的蔬果，在那時真的讓人傷透了腦筋。

此外，營養午餐一個基本的特性就是「穩定」，

祖傳三代豆腐店的豆腐。溪州在地的麵店、小吃幾乎都買這家的豆腐，是在地公認的好豆腐。

必須天天供應，依菜單按表操課。可偏偏農作物的生長深深受到氣候、土地、水源，還有病蟲害變化影響。農人必須學習觀察天相，盡可能讓作物安然生長，但還是要看天吃飯、接受大自然的「創意」、「變化」；尤其，試圖減少農藥化肥等人為干預方式的農人，得面對的挑戰更多。

有時，採收前遇上暴雨、豔陽，導致菜葉腐爛；有時，外表看不出的小小蟲叮，卻造成瓜類內部腐壞，等到廚媽料理時才發現，臨時沒菜。如此這般，當營養午餐與農作物生長，兩個特性完全不同的事物碰撞在一起，挑戰又來了！

不得不承認，面對種種窘境，過程中著實受到各方的質疑與抱怨：這個菜，蟲咬成這樣可以吃嗎？瓜怎麼又爛了？可以多點菜色變化嗎？為什麼不照菜單供菜，為什麼臨時換菜？食材團隊不斷與學校溝

在地的日曬麵。

通，讓學校接受某種程度內的大自然創意，與當季合宜的菜單。

除了小農，也與厝邊阿伯阿姆合作

食材團隊只好一步步的摸索、調整。在食材來源的部分，除了專業的友善小農，又找到許多阿伯阿姆。這群阿伯阿姆通常在家裡有一塊小菜園，自己種、自己吃，多的拿出來賣。這樣的菜園通常保有最多的物種，而用的藥最少。有趣的是，自家小菜園的物種選擇不再只是銷售導向，更大是由個人的喜好決定，不同的阿伯阿姆有不同的飲食偏好，正好能夠互補。於是，溪州的菜單裡出現了許多都市長大的小孩根本沒有吃過的菜：結頭菜、菜心、醜豆、蛇瓜，以及因農民愛物惜物，在農作盛產時曬的豐富乾物：花菜乾、菜豆乾、高麗菜乾、青江菜乾、瓠瓜乾……。

了解農民的種作習慣，依農作產期設計四季不同的菜單。

認識了這些農民，接著就是了解農民的種作習慣、溪州的農作生長時節，搞清楚什麼時候種什麼最不需用藥，依照農作產期設計四季不同的菜單。

目前溪州鄉十個幼兒分班，與鄰近北斗鎮一班，二百七十多位學童每日的餐點都來自鄰近社區，有些食材更來自厝邊阿伯阿姆的農田。每日三菜一湯加水果，每個月會考量農民的種作，設計下個月的菜單；每週與農民、小販訂下一週的食材；每天，司機大哥會巡迴各地去與農民、小販取貨，送到明道大學的理貨中心處理分裝；隔天一早，送到各班廚房，交由六位廚媽烹煮。

同時，每學期也會與廚媽開會，理解廚媽的烹煮需求；與農民溝通，進行品質的把關；還會收集小朋友的意見回饋，變化菜色與烹調方式。

過去，我們在食農教育這一塊做的不多，經過檢討，現在也開始嘗試配合不同的節日，推出搭配菜單。除了冬至搓湯圓，清明節更在老師的建議下讓小朋友包春捲。溪州的春捲很有特色呢，不同於外面的春捲大多包高麗菜、豆芽，溪州春捲包的是麵與生A菜。

下一步則是希望可以透過各種菜單設計，以及與老師的討論，讓溪州的孩子不僅只是吃得健康，還能吃得歡喜、吃得有趣，讓孩子能藉由「吃」，去認識農作、認識自己的家鄉。也期待，有更高層級的政府單位立法，讓這樣的在地食材的推廣，能夠有更良善的政策依據，可以在更多更多的學校推動，而不再只是零星因為個別學校主政者的支持才能成事。

除了幼兒園的餐點品質提升，參與在地食材計畫的農友知道自己生產的蔬果、加工品是給庄內的孩子食用，連鄉公所出版的文宣中也可見到食材提供農友的名字、照片與故事，生產時會特別仔細、用心；孩子們拉近與生產者間的距離，到農場參觀與耕作體驗，更懂得感恩日常的一餐一食。

「溪州鄉立幼兒園在地食材計畫」的初衷除了希望孩子能夠吃得健康，透過幼兒園的自主把關，從小建立正確的飲食觀念外，同樣也希望能夠建立在地的食材網絡，透過幼兒園的固定支持，讓農友更安心的從事農作，真正落實從產地到餐桌的友善關係。

期待有一天，我們真的能說：從此以後，孩子與農人一起過著幸福與快樂的日子。

阿公、阿姆依自己的飲食偏好種菜，很多都是都市小孩根本沒吃過的菜色。

溪州尚水

讓鳥回來、青蛙回來、魚蝦毛蟹蝙蝠螢火蟲……
失去的再度豐富回來，
讓農人的勞動獲得合理的尊重，讓消費者獲得友善的糧食。

成立時間：二〇一三年七月

地址：彰化縣溪州鄉溪州村復興路五十號（溪州成功旅社．農用書店）

臉書／部落格：粉絲頁「溪州尚水友善農產」
溪州尚水：http://water-farmer.com.tw/

營運方式：
溪州尚水是一個由農民與愛農者共同組成的產銷平台，以溪州為據點，尋找在地的美好產品、透過平台拉入資訊協助農民進行無毒轉作，並聯結生產端與消費端，建立「在地」與「區域間」的友善鏈結。「溪州鄉立幼兒園在地食材計畫」為溪洲尚水承接溪州鄉公所標案，與當地友善小農合作，供應幼兒園每日營養午餐食材。

互動人數：
〔農友〕二十幾位農友。
〔顧客〕十一個幼兒班，二百七十多位兒童。

永續概念：
建立在地的食材網絡，孩子有正確的飲食觀念，也支持農友更安心的從事農作，真正落實從產地到餐桌的友善關係。

台東縣成功鎮農會

偏鄉學校200公里的午餐挑戰

文・攝影／汪文豪

為何偏鄉學童吃得比較差？

十八所學校、兩千五百名學生、超過兩百公里的車程。

要怎樣才能讓所有學校都能趕在上午九時拿到新鮮食材、展開烹煮？

農會員工兼任司機，凌晨六點就開始根據不同規畫路線，跟時間賽跑！

偏鄉學童也應該吃得健康

翻開地圖，長濱鄉、成功鎮與東河鄉緊臨著太平洋，位於南北狹長的台東縣最北邊，除了靠省道台十一線公路對外聯絡，沒有其他更快速便捷的交通運輸工具。從成功市區到台東市果菜批發市場，來回車程超過一百公里；從成功市區再配送食材到不同地區的偏遠學校，加起來又超過一百公里，路途遙遠導致物流成本非常高，壓縮採購食材的空間。

再加上汽油與原物料價格上漲，業者認為無利可圖，紛紛退出供應偏遠地區校園午餐。即使台東縣政府改採聯合招標希望提升規模經濟，仍缺乏業者問津而屢屢流標。成功鎮農會基於照顧在地農民子弟，決定即使虧本，也要扛起這吃力不討好的校園午餐業務。

被問起明知賠本，為何還要承接成功三鄉鎮校園午餐的業務？台東縣成功鎮農會總幹事吳全德不禁回憶起九年多前，一個令他難忘的印象。

「記得某日清晨出外運動，途經部落一所小學，看到發財車載著一箱豬肉與青菜，隨便丟在校門口就離開。車輛沒有冷藏設備，食材也沒有包裝就曝曬在外，有沒有被貓狗咬過都不知道。」吳全德說，務農的人對食材都有一種好奇心與敏感度。當時他看到青菜快爛了，豬肉的顏色也不太對勁，既驚訝也不滿，為何偏鄉學童吃得比較差？

「伊攏係咱農民的子弟吶！」吳全德說，鄉下隔代教養很普遍，農會超市曾發生孩子偷東西吃，只因肚子餓貧窮買不起。對孩子來說，校園午餐可能是一天當中最重要的營養來源。因此出於照顧農民子弟與發揮農會的社會責任，即使有員工認為此舉會賠本而反對，吳全德還是要求員工承接成功三鄉鎮的校園午餐業務，希望用在地農會的力量，讓偏鄉學童吃得飽，也吃得健康。

由農會輔導成立的蔬菜產銷班，不但活化休耕農地，也提升老農收入。

與其拿大筆納稅人的錢去補貼農民不要種，不如用來鼓勵農民在農會的輔導下種植校園午餐所需的蔬菜，除了恢復農地的生產功能，孩子也會吃得健康安心。

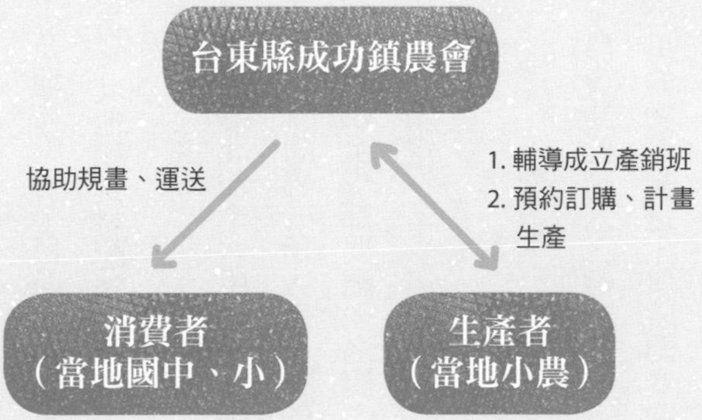

台東縣成功鎮農會

協助規畫、運送

1. 輔導成立產銷班
2. 預約訂購、計畫生產

消費者（當地國中、小）

生產者（當地小農）

二〇〇六年，成功鎮農會開始承接鎮內七所國中小學的午餐業務；一年後，又增加長濱鄉的另七所國小。二〇一一年，一度還曾連南部東河鄉四所國小午餐也一併包下，但考量成本及地方壓力，目前已退出東河四校的經營。運作模式則以「公辦民營」形式進行，也就是說，由學校提供廚房，其他如食材配送、菜單設計、廚工聘請及廚房作業管理等繁瑣工作，全由農會負責。

成功鎮農會供銷部主任邱欽聖說，之前農會負責供應成功鎮、長濱鄉與東河鄉北部十六所小學、兩所中學，合計十八所學校的校園午餐。這十八所學校學生加起來不到兩千五百人，比都會區一所大型學校的學生數還少。此外，這十八所學校之間距離遙遠，無法用中央廚房供餐，因此每所學校至少都要配一名廚工，規模較大的學校甚至需要兩名。農會為了滿足這十八所學校的營養午餐需求，合計雇用了二十名廚工。

食材配送，與時間賽跑

此外，要能讓這十八所學校都能趕在上午九時拿到新鮮食材展開烹煮，農會為此購入三輛冷藏車，由農會員工兼任司機，凌晨六點就開始根據不同規畫路線，展開路程合計兩百公里的物流配送，與時間賽跑。邱欽聖說，一般業者為了節省成本，只開著簡單的小發財車運送生鮮食品，但農會為了維持生鮮農產品的鮮度與品質，堅持用冷藏車配送。

成功三鄉鎮國中小午餐費平均每餐三十九元，雖然較果菜批發市場所在地的台東市多兩到六元不等，但扣掉雇用廚工與長途冷藏物流等必要支出，僅剩約二十元可用於食材採購。除了水產品，成功鎮日常生活的農畜產品大部分還是得到台東市購買，加上遇到原物料價格上漲，吳全德記得農會剛承接校園午餐業務的第一個月就賠了十萬元，第一年根本就是慘澹經營。

邱欽聖說，要用二十元負擔三菜一湯一水果的食材成本，的確很辛苦。因此，為了降低食材取得成本，水果、畜產品、食用油與調味料等項目，結合既有的農會超市通路共同採購；蔬菜的供應由農會供銷部與推廣股合作，輔導鎮內農民組成產銷班，契作種植校園午餐所需的蔬菜。由於校園午餐合約規定，每天供應的蔬菜種類不能相同，為滿足少量多樣的需求，農會會根據供應時程，安排不同農民同時間種植不同蔬菜。

種給自己的孫子吃，就要是最好的

目前成功鎮農會已輔導農民成立三個蔬菜產銷班，班員共有三十六人，平均年齡都在五十五歲以上。邱欽聖說，自組蔬菜產銷班供應在地校園午餐的好處非常多。第一，使用在地生產蔬菜，比到六十公里外的台東市果菜批發市場採購，不但平均成本節省了兩成左右，也大幅縮短食物里程，符合節能減碳的潮流。

第二，農會輔導員會對農民進行田間指導，包括依據季節時令安排農民種植適合的蔬菜，也會供應農民使用合於規定的農業資材。從田間生產到收成，農會會逐一管控蔬菜的品質與安全，平均每兩週就會針對蔬菜進行檢驗，若發現農藥殘留超過安全標準，除了不予收購與下架銷毀，也會到田間了解農民施種出了什麼問題，輔導改進。

第三，農會與農民契作種植校園午餐蔬菜，不但活化休耕農地，也提升老農的收入。邱欽聖說，鄉下老農一個月領七千元老農津貼，

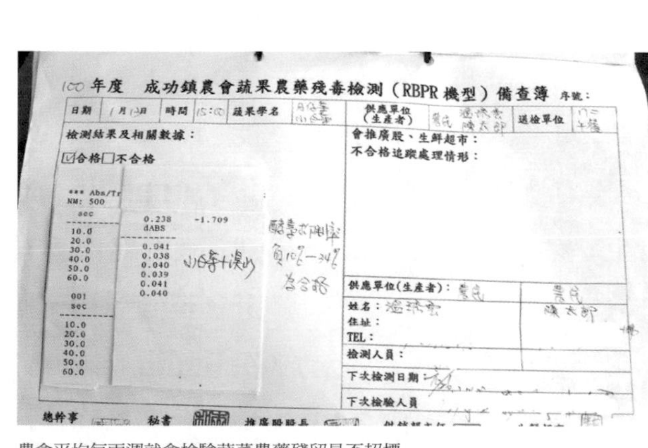
100年度　成功鎮農會蔬果農藥殘毒檢測（RBPR機型）備查簿

日期　1月13日　時間　15:00　蔬果學名　供應單位（生產者）　送檢單位

檢測結果及相關數據：

☑合格☐不合格

會推廣股、生鮮超市：

不合格追蹤處理情形：

供應單位(生產者)：

姓名：

住址：

TEL：

檢測人員：

下次檢測日期：

下次檢驗人員

總幹事　秘書　推廣股股長

農會平均每兩週就會檢驗蔬菜農藥殘留是否超標。

一分地一期領四千五百元休耕補助。但如果加入蔬菜產銷班，一個月至少可有兩萬元收入，農地面積大一點的，可以拿到三、四萬元，若再加上老農津貼，生活可說優渥。加上老農們知道蔬菜是要種給自己或鄰居的孫子食用，栽培會更用心。

農會總幹事吳全德也強調，必須檢討休耕補貼的政策。與其拿大筆納稅人的錢去補貼農民不要種，不如用來鼓勵農民在農會的輔導下種植校園午餐所需的蔬菜，除了恢復農地的生產功能，透過農會計畫生產與監督，在地蔬菜的鮮度、品質與安全都比較值得信賴，孩子也會吃得健康安心。

二〇〇六年承接成功鎮，二〇〇七年承接長濱鄉，到二〇一一年再承接東河鄉四所校園的午餐業務，經過九年多的摸索，吳全德坦言雖然可勉強打平損益，但做得很辛苦。因此當他看到台東縣農會二〇〇九年起承接台東市南方、太麻里與大武等南迴線偏遠國中小的營養午餐業務，也面臨虧本經營的困境，就將自己當初如何克服種種困難的經驗，毫不吝惜分享。

成功鎮農會供銷部主任邱欽聖表示，從辦理校園午餐的經驗當中，發現教育單位有許多問題，包括偏鄉國中小校園午餐的經費不足，沒有根據地區遠近考量交通運輸與物流成本；營養師對農業生產缺乏認識，開菜單缺乏管控食材成本的觀念等。此外，面對某些學校需索無度與不合理的成本轉嫁，都讓他曾有乾脆退出校園午餐供應的念頭。

「要不是出於服務農民子弟的堅持，以及看到偏鄉弱勢家庭孩子的需求，面對校園午餐如此不合理的制度，農會早就退出了。」不過，邱欽聖也認為，雖然校園午餐制度問題繁雜，但是若能好好改革，讓學校結合四健會的資源推廣「食農教育」，使孩子透過校園午餐的食物，認識農業生產的過程與辛勞，校園午餐會是對教育、對農業最有意義的希望工程。

台東縣成功鎮農會

用在地農會的力量，讓偏鄉學童吃得飽，也吃得健康，並活絡農村經濟。

成立時間：二〇〇六年

地址：台東縣成功鎮新生路五十五號（供銷部）

臉書／部落格：成功鎮農會：http://chenkon.myweb.hinet.net/index00.html

營運方式：

由農會供銷部與推廣股合作，輔導鎮內農民組成產銷班，契作種植校園午餐所需的蔬菜；並由農會根據供應時程、季節時令，安排不同農民同時間種植不同蔬菜。

互動人數：

〔**農友**〕合作農友擴及三個產銷班，共十五人。

〔**顧客**〕目前承包成功鎮與長濱鄉，共計十四所國中、小。

永續概念：

校園午餐制度問題繁雜，目前仍是勉力經營，但實際上已達到活化休耕農地、活絡農村經濟與減少食物里程的功能。若能結合資源，推廣「食農教育」，校園午餐會是最有意義的希望工程。

原民部落型

桃源香梅米如呼工坊

從日常需求出發，尋找部落關係的更多可能

文．攝影／蕭喬薇

「梅醬的味道很特別，外面都找不到！」「這麼好吃的梅精，以後吃不到該怎麼辦？」部落媽媽們常接到消費者這樣的回饋。帶孩子搭捷運、做料理，除了工坊，部落媽媽們也投入課輔班工作，重新建立起部落共同生活的基礎。從「農業生計」到「日常生活需求」，部落媽媽們走出一條不一樣的路！

順著橫跨玉山南麓的南橫，沿六龜、寶來而上，勤和部落二十多戶，就散布於南橫兩側。勤和，布農族語稱「米如呼」，緊鄰著荖農溪畔，屬於高雄市桃源區，是僅次於南投信義的梅子產地。勤和族人多以務農為業，以春梅夏桃李，冬收生薑，間作蔬菜輪轉一年四季；其中，「米如呼工坊」的核心團隊Savi、秋櫻、秋芬、淑賢更不得閒，除了平日照顧各項作物，每年三月中旬至四月的清明梅雨季，工坊就進入了採收與加工同時進行的「非常時期」。

即使在最忙碌的時候，工坊、梅林間卻仍被媽媽們的笑聲與閒話家常充滿，絲毫不見搶收、趕工的急迫與緊張感。「因爲我們工作時都很會開玩笑！要用很愉快的心情去做產品，這會反映在產品的品質上……眞的！」

招牌農產：梅精、Q梅、脆梅、梅醬
產季：三月中旬到四月中旬
農夫市集：不定期參與。

八八風災破壞山區道路和村落，更打亂聚居於此布農族人的生活節奏。攝影／陳芬瑜

重返米如呼

在這一個多月中，五分、七分、八分、完熟落果等不同熟度的梅子，分別可製成梅精、脆梅、Q梅與梅醬，因此除了採收時程的考量，後續漂洗、殺青、脫乾、監控糖水比例、熬梅精四十八小時以至於裝罐等繁複工序，每個小動作都將影響成品口味，在在考驗製梅人的功力、耐力以及體力。自種植到拓展通路，工坊婦女團隊一手包辦起「青梅」從土地到餐桌的過程，但若你有機會拜訪部落，會發現即使在最忙碌的時候，工坊、梅林間卻仍被媽媽們的笑聲與閒話家常充滿，在農友身上絲毫不見搶收、趕工的急迫與緊張感。

秋櫻說，「因為我們工作時都很會開玩笑！我們很喜歡這樣一邊聊天一邊工作，要用很愉快的心情去做產品，這都會反映在產品的品質上……真的！」但秋芬回憶，一開始，工坊的氣氛其實是「很嚴肅、很緊張」的，有時候只是因為幾句話就會吵起來，「可能因為剛經歷八八風災，還不知道之後會怎麼樣，大家都很緊繃，很容易被觸怒。」

「桃源香梅米如呼工坊」以風災後部落原地重建的心願為契機，運行至今即將邁入第五年。二〇〇九年的八八風災，高

高雄桃源是僅次於南投信義的梅子產地，每年三月中旬到清明梅雨是梅子成熟期。

雄山區幾天內降下一年份的雨量，土石流、坍方破壞了多數的山區道路與村落，土地流失、被迫遷村、道路中斷，打亂了百年來聚居於荖農溪畔、生命與土地緊緊相依的布農族人的生活節奏。

「八八之後，政府不願意讓我們回部落生活，要我們撤離部落。」多數族人選擇遷出，原有的八十戶銳減為二十戶的小部落；但對部落族人而言，離土意味的不只是「搬家」，而是放棄了附著於土地的生存能力。Savi 說：「對我們來說，到不熟悉的地方是無法生存的，所以有些人還是想辦法，和政府爭取要回部落住。」但，部落族人普遍務農，災後聯外道路遇雨便中斷，作物收成後運送更加困難。價格也是大問題，以青梅為例，一直以來，青梅收購皆由盤商、農會定價，一斤僅六到十元，最低還曾到三點五元，部落重建的首要之務，顯然必須突破過去全由市場決定作物價值的被動處境。

不同熟度的梅子，可分別製成不同的農副產品。攝影／陳芬瑜

小農復耕，啟動！

所幸，八八風災雖然造成大規模的破壞，卻也促使政府與民間資源的重整。台灣農村陣線與浩然基金會，在災後共同啟動了「小農復耕計畫」，深入各重建區，試圖尋找有理念的地方社群合作，實踐兼顧生計與環境友善的小農經濟體。透過莫拉克新聞網桃源駐地記者的引薦，「小農復耕」就這樣與族人自主生計、重建家園的理念接上線。

專案強調的是「輔導陪伴」，小農復耕專案專員陳芬瑜談到，最初花了好長的時間與部落討論溝通，包括選擇何種復耕作物、種作方式、經費分配使用，以及如何成立自有品牌等，為的是找出適合當地條件的生產方式。經歷了無數次大大小小的會議，才逐漸將部落有意願投入重建產業的農友聚集起來。

浩然基金會是啟動工坊的有力後盾，最初提供一筆公基金做為購買加工資材與設備之用。但部落族人並沒有梅子加工的技術，透過旗美社區大學的安排，在高雄桃源區經營梅子工廠的吳崇富，成為傳授部落婦女梅子加工祕方的「吳老師」，日後，更成為工坊專屬的諮詢專家。

二〇一〇年三月正值青梅採收季，工坊團隊開始密集的加班，從採收時程、梅果殺青、糖水調配等基礎工一一學起。秋芬說起當時上課、學加工的心情，其實對開始做加工這件事是沒什麼把握的。桃源區雖為梅子主要產地，但從未出現農友自主經營品牌的成功案例，通常都是做一、兩年就停掉了。無前例可循加上災後的不確定感，「那時有些人就想，這應該就只是暫時的打工。但我還是每天很認真的去上課，想說既然決定回來重建，就還是要認真。」很幸運的，農友首次的努力立即得到回饋，透過農陣、基金會的推廣，部落親友的口耳相傳，加上平面媒體的曝光，第一批加工品傳出了不錯的口碑，更有人打電話來詢問下一次產梅的時間點。初步的成果緩解了團隊成員們緊張的情緒。

「人的關係是最難的！」

賣出第一批產品，香梅團隊的挑戰才正要開始。工坊建造、基金分配、分工機制，涉及人力與經濟資源的分配，團隊內部意見不一，形成不小的張力。難怪問到工坊運作至今最困難的課題是什麼，婦女們異口同聲地說，「人的關係是最難的！」

以公基金的使用為例，最初大家同意將扣除資材、勞動等成本後的盈餘成立公基金，做為購買加工機器、資材與經營品牌的基礎。但做了一陣子之後，就有人提議，既然這是大家辛苦的收穫，利潤也應該要分給大家。負責行政與財務的秋芬說，「當時有很多人都軟化了，想說要不要就讓步好了……真的就差一點點！但最後我們還是覺得，如果這樣，那當初蓋工坊、買材料的錢不是也直接分掉就好了嗎？這樣做工坊有什麼意義？……這不是當初的原意。」類似的工作細節在農友間不斷協調、折衷，也使團隊人力在兩年內幾經重組，最後終於形成以部落婦女秋櫻、秋芬、Savi與淑賢為主的核心團隊，堅持至今。

「這麼好吃的梅精，以後吃不到該怎麼辦？」

社區發展農產品加工，除了要照顧產品的品質，更重要的是要找到一群能欣賞產品的伯樂——有固定的消費者群，社區才有穩定發展農產加工的基礎。目前桃源香梅的客群中，有七成左右是熟客，成為工坊最穩固堅實的支持夥伴。

同時也負責產品公關的秋芬坦言，「八八風災結束、剛開始做工坊的時候，我們完全不知道哪裡會有我們的消費者。所以最初的想法比較是專注把產品的品質做好，客人吃了覺得好，才會再回來買，完全沒有想到要怎麼去拓展客群。」第一批產品，除了賣給基金會的親友群，工坊也試著發地方新聞稿，讓香梅產品透過報紙介紹，有被看到的機會；同時，也不放棄到各地市集擺攤的機會。隨著產品在報紙上曝光、在攤位面對面接觸到更多消費者，香梅逐漸開始有來自台灣各地的訂單。

部落媽媽五年來的努力成果，具體顯示在穩定上升的固定客源。隨著工坊逐漸打響名號，也陸續有電視台製做專題介紹，吸引更多新的消費者購買，其中不乏大筆的團購訂單。以二〇一五年為例，五月份剛製好七百多瓶脆梅一個月就銷售完畢，其中多是購買超過兩、三次的回頭客。

來自台灣各地的消費者，大部分是透過電話下單，使用電話而非網路訂購的好處是，多了個與消費者互動的好機會。秋芬通常會把握這個機會，多聽多問消費者對產品的想法，「我們其實很常收到消費者的回饋，他們會跟我們分享對產品的心得，比如說覺得梅醬的味道很特別，外面都找不到；或是發現梅精對全家人的健康有幫助等等。那天甚至有個客人很緊張的打給我，問說梅精以後有沒有可能停產、買不到，因為他已經習慣吃我們的產品調整身體。我說不會，不管怎麼樣，我們一定會一年一年，一直做下去。」這樣的消費者回饋，成為工坊媽媽堅持的最大動力來源。

梅子用糖水醃過後，還需加石頭重壓，才能製成脆梅。攝影／上：蕭喬薇、下：陳芬瑜

此外，工坊媽媽還會透過市集擺攤、擔任梅子加工講師的機會，與各地消費者面對面聊天，「外面的人都很喜歡聽我們講故事，比方像沒有做加工的時候，平常都在幹嘛之類的。他們覺得我們在山上生活很不可思議，每次都聊得很開心。」工坊近年也開始與各地認同友善小農理念的店家合作產品上架，例如主婦聯盟合作社、美濃的野上野下、台灣好基金會、咖啡家等，讓產品有更多亮相機會。二〇一三年，工坊的梅精在主婦聯盟合作社的評比中，以充滿層次感的梅香，自各式梅精產品之中脫穎而出，正式成為合作社共同採購的產品，一年供應了社員一千三百多瓶梅精。合作社的共同購買，成為工坊目前最穩定的通路。

重建進行式

災後工坊啟動的同時，部落媽媽們也投入兒童課後輔導班、婦女班，透過照護工作重新建立起部落共同生活的基礎。勤和部落的課後照護行之有年，不同於城市裡的「安親班」，只是在放學後協助小朋友完成功課；

部落課輔班會教小朋友如何照顧菜園。

課輔班的導師蔡正彥與淑賢說，由於部落家長常態性的處於外出工作、農忙的狀況，課輔班最希望教給小朋友的，是獨立生活的能力與自信，「像這一年就有開設小廚師課程，教小朋友做簡單的料理，這樣即使一個人在家，也不會餓肚子；或是帶他們到高雄玩，順便教他們怎麼搭乘大眾交通工具。要讓他們學會簡單的生活技能，以後到城市生活，才不會被其他小朋友笑說連捷運都不會搭。」

隨著這幾年慢慢累積起一群忠實消費者，工坊運作逐漸穩定，二○一三年，團隊成員主動提出以公基金回饋課輔班的構想，即透過獎學金、旅遊金，增加課輔班的其他可能性，從另個角度堅實部落的重建工作。如同婦女們所說，在重建路上，最困難的是「人的關係」，無論是工坊提供的技術指導、工作機會，或是課輔班所提供的開放空間，米如呼團隊無非是希望能在「農業生計」和「日常生活需求」的基礎上，重新尋找災後社群內部關係的另種可能性。

桃源香梅米如呼工作坊

讓更多部落的人參與我們，讓更多的消費者了解我們！

成立時間：二〇〇九年十一月

地址：高雄市桃源區勤和里南橫公路三段四十七號

臉書／部落格：小農復耕—桃源香梅：
http://www.smallfarming.org.tw/rehabilitation-02-1-info.php?id=29

營運方式：最初由資源夥伴協助諮詢、人力訓練，並提供資金購買資材設備，部落則負責生產作物、製作加工品，同時發展品牌概念並負責銷售。消費者可直接聯繫工坊訂購，或透過主婦聯盟消費合作社、野上野下、台灣好基金會、咖啡家等友善小農的產銷平台購買。

互動人數：

〔農友〕四位核心成員：秋櫻、秋芬、Savi與淑賢。

〔顧客〕以生產量回推，約兩百位左右。

永續概念：以部落產業之永續發展為前提，產品利潤全部納入公基金，除做為工坊生產成本基礎外，更進一步回饋社區，在「農業生計」和「日常生活需求」的基礎上，尋找更多社群關係的可能性。

共同購買型

主婦聯盟生活消費合作社

透過消費，參與環境運動

文、照片提供／主婦聯盟生活消費合作社

面對層出不窮的食安問題，消費者除了惶惶不安、自認倒楣，還能怎麼辦？消費者保護運動不是只有在傷害造成後求償，應該更進一步，找回消費者的主動權！

價格合理，生產者才能安心栽種和生產。盲目比價、一昧追求便宜，造假、黑心食物問題就會層出不窮。我們可以集結有共識的消費力，成就共好的社會。

從做個有自覺的消費者開始

米，是我們日常的主糧，一九九三年，主婦聯盟推動的「共同購買運動」就是從「買米、買葡萄」開始。主婦聯盟環境保護基金會「消費者品質委員會」的一群媽媽們為了買到安全的米，先是跑遍台灣，找到願意配合減少農藥栽種的農友；再號召一百多戶家庭，組織起來，進行米和葡萄的共同購買。翻開主婦聯盟二十年前的期刊《生活者主張》（第二期，一九九四

透過每週發行週報，溝通並傳達產地訊息。

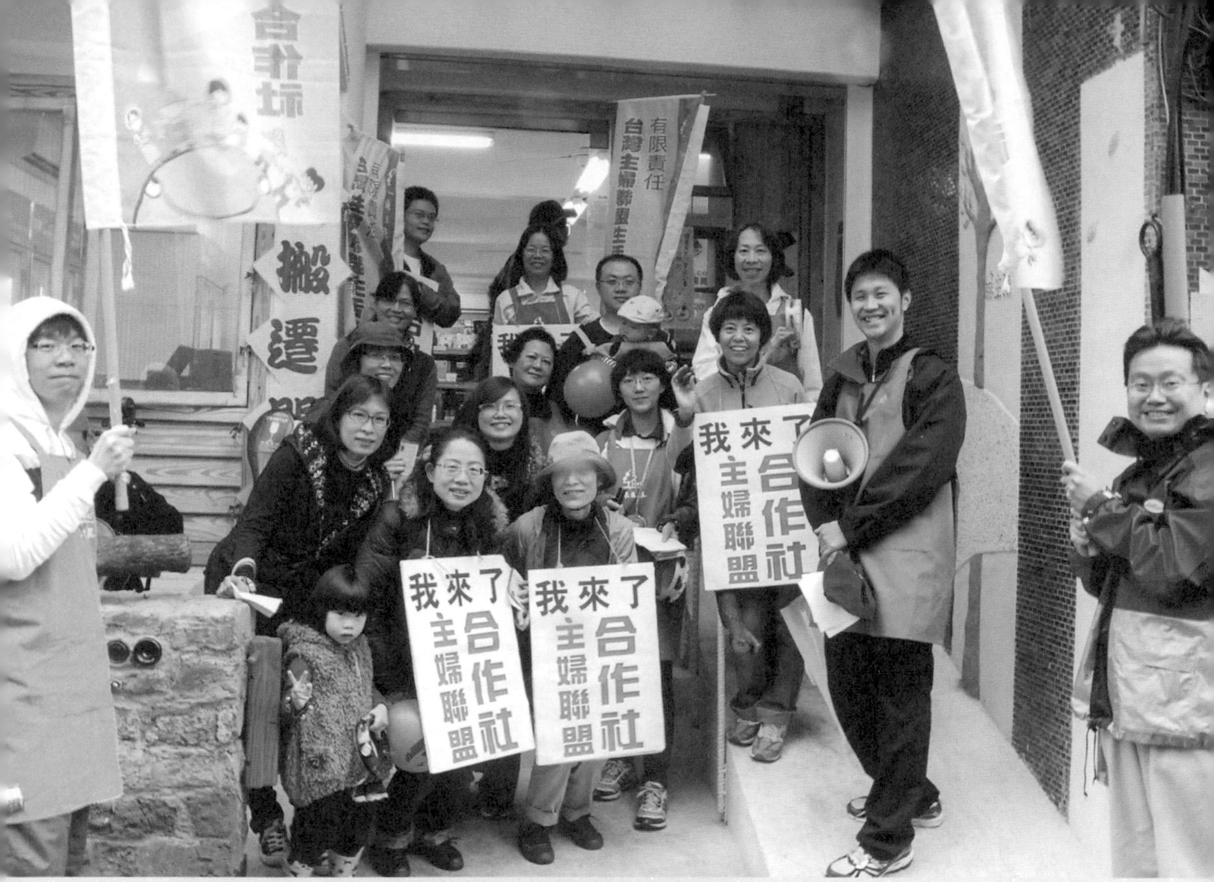
我來了
主婦聯盟
合作社
有限責任
台灣主婦聯盟生活
搬遷

透過理解進而認同、支持，甚至投入。消費者必需回復自己的主體性，在消費的過程中同時累積共購的經濟力，並創造改變社會的影響力。

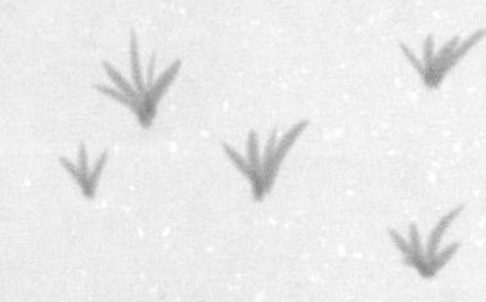

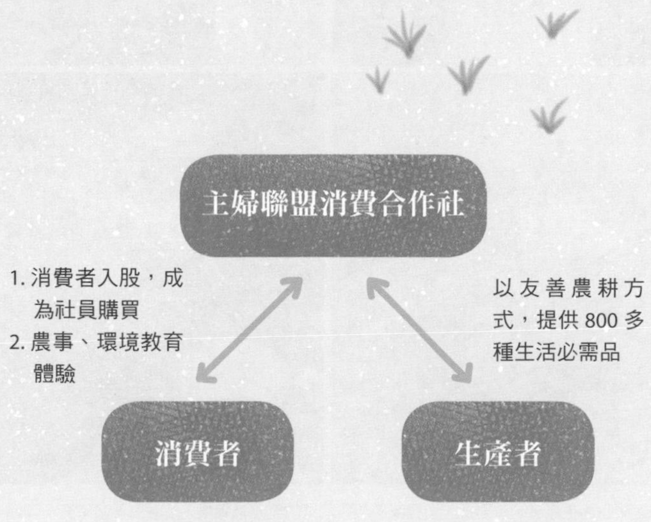
主婦聯盟消費合作社
1. 消費者入股，成為社員購買
2. 農事、環境教育體驗
以友善農耕方式，提供 800 多種生活必需品
消費者
生產者

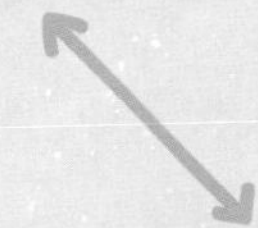

年二月），其中記錄著：「一月十一日到十五日接受預約，十八日到廿日配送。過程中尚稱順利，唯配送間適逢農曆年前交通繁忙期，又第一次配送，發生了爆胎、車子中途故障等意外，使得區區四十處配送點，共花了三天才送完。總結，這次共買了兩百一十四包白米、八十八包胚芽米、四百八十八盒一公斤葡萄、四百三十二盒三公斤葡萄，分別配送至四十處。」

透過這次的經驗，主婦聯盟的媽媽們意識到，消費者的明確需求、集結需求量、直接向農友購買、蒐集意見回饋農友……等等雙向的溝通，鬆動了長久以來生產消費兩方的陌生對立。也因為有直接對話的學習，主婦聯盟在產品開發和農友協力上確立了幾項原則：

一定要認識生產者。（右上）力行減硝酸鹽蔬菜的農友翁錦煌，（左上）蘋果農友邱錦城，（右下）農友陳慶輝，（左下）農友彭康偉。

- 一定要認識生產者，因為他們是餐桌安全和環境守護的第一線。
- 農業栽種和食品製作有其限度，有就是有，沒了就是沒了，缺貨和有限度的供應是消費者必須要有的認知。
- 價格合理，生產者才能安心栽種和生產。盲目比價、一味追求便宜，造假、黑心食物問題就會層出不窮。

透過消費，反省人與土地的關係

在共同購買運動裡，除了有自覺的消費者，對環境有愛的生產者更是不可或缺的角色。

主婦聯盟合作社主張消費者和生產者是彼此扶持、相互信賴的關係；因為與農為友，在合作社裡使用「農友」這個詞，表示彼此是「夥伴關係」，而非單純商品買賣的「契約關係」。夥伴關係不是嘴巴說說而已，還需要許多現場訪視、互動溝通，才會有同理和了解。

在一次社員分享的場合，來自高雄的農友張肇基說：「人類活在地球上，只想到我們要什麼，卻不曾思考土地或地球要什麼。然而，人與土地環境是共生的，對土地好，她才會給予我們豐富的食物。因此，我們要透過消費行為，不斷反省人類與環境的關係。」

這番話約略可以說明合作社農友有著什麼樣的特質和堅持；也因著這種特質，見到一群外行的主婦全省跑透透、尋訪合作農友，也才會被她們的堅持感動，從此以後變成長長久久、既像朋友也像家人般的關係。

共同購買早期由翁秀綾、林碧霞、謝麗芬一起跑產地，三位運動前輩可說是天不怕地不怕，只為理想而努力。有一次，翁秀綾親自開車到三芝載菜，發生車子翻覆意外；在手機未普及年代，三人也曾經歷摸黑在鄉間找路的窘況。林碧霞和鄭正勇更以其農業專業知識，陪伴農友走過無數的春夏秋冬；更重要的是，為主

林碧霞博士到三芝探訪農友。右方為三芝蔬菜產銷班楊樹木的姊姊，楊金女士。

婦聯盟合作社的蔬菜樹立一個重要的堅持——「低硝酸鹽蔬菜」。

一般蔬菜若是為了加速生長過度施用氮肥，或是遇到連日陰雨、日照不足，都會造成硝酸鹽含量過高的狀況，就算是有機蔬菜也無法避免。有鑑於此，歐盟國家早已實行蔬菜硝酸鹽的官方規範，但台灣目前尚未有任何法定的把關。共同購買在一九九六年成為全台第一個控管蔬菜硝酸鹽的團體，要求農友適度減少氮肥的施用、省下肥料費用，生產低硝酸鹽有能量的蔬菜。「減硝酸鹽」從一項品質要求，透過不斷的溝通、溝通、再溝通，變成合作社持續實踐的農業運動。

「專業知識」＋「日常生活」的支持網絡

合作社平日會透過產品專員拜訪農友，每年定期還會舉辦「菜農大會」、「果農大會」、「生產者交流大會」，除了讓農友進修專業知識、分享栽種經驗；也藉此機會討論、解決像是資材購買、生

合作社會安排社員到產地見學，也會請農友到站所演講，分享農事經驗。

產需求調整等共同問題。

此外，合作社也會安排社員到產地見學，或是邀請農友到各地站所演講，分享農事經驗。曾經有社員問過這樣的問題：「你們的黑金文蛤怎麼那麼黑？我還要用刷子刷乾淨才能下鍋。」黑金文蛤的生產者黃芬香連忙解釋說：「文蛤就是那麼黑，沖一沖就可以下鍋，不用刷啦！」社員鮮少接觸產地，提出的問題五花八門，也還好有這些問題，生產者才有機會了解消費者究竟在想什麼。

田間事多如牛毛，通常是一家人共同分擔，若農友家中發生狀況，連帶也會影響到農作供給，所以合作社和農友間的互動不能只靠電話或傳真確認數字內容，還需要親臨現場了解狀況，才能真正知道農友需要什麼樣的協助。像早期曾發起「農友及生產者急難救助金」，以勸募的方式，補助農友子女完成學業，此基金目前雖暫停受理捐款，但合作社仍以其他方式，比如農友預支貨款或無息借款的方式，實質協助有需要的農友。

從困境中發掘新點子

做農這一行是靠天吃飯，無時無刻都在面對老天爺給的考驗。二〇〇五年的龍王颱風將快收成的蘋果打落地，造成農友邱錦城莫大的損失。為了幫助農友度過難關，合作社的產品專員在第一時間提出搶收蘋果製成果醋的點子，經過層層試驗，巧妙地將危機轉成隔年「國產蘋果醋」的意外收穫。此外，像市面上少見的青江菜水餃、青花椰水餃或蒲瓜水餃，則是合作社協助農友應付作物盛產的另一個創意案例。有些時候，合作社也會主動發起社員募款，比如像二〇〇九年莫拉克風災，就募得約兩百六十萬捐款，協助農友災後重建。

二〇〇七年，台灣麵粉價格狂飆，合作社的麵包生產者喜願麵包坊選擇在這個時刻契作復耕一公頃的麥田。這不僅是生產者探索、了解食材的一個嘗試，也讓消費者有機會思考糧食自主的意義。從一畝麥田，到一包國產麵粉在合作社裡上架，喜願麵包坊的施明煌在和社員分享這個「麥田狂想曲」的實驗時說：「謝謝有合作社的共同購買，讓我們確定小麥在台灣仍有耕作的可能。」

二〇一五年喜願麵包坊已有五百公頃的小麥契作，甚至將復耕品項擴及大豆和雜糧。當本土雜糧產量大增，消費端也必須有更穩定的消費集結。所以，合作社接連幾年和喜願麵包坊合辦「麥田音樂會」，就是企圖擴大本土小麥議題的能見度。除了支持喜願麵包坊自身開發的本土小麥相關製品，因應本土黑豆開始穩定生產，合作社也開發較方便食用的「本土黑豆漿」、應景的「黑豆沙」月餅。這一切的努力都是為了珍惜農友的栽種成果，也透過持續穩定的支持，響應糧食自給率提升的訴求。

讓農友明確知道合作社的需求和要求，與農友共同面對、解決問題，用「惜物、惜農」的心意感動農友，農友和生產者自然就願意以「給家人吃」的心意栽種與生產。

讓消費不只是消費

主婦聯盟合作社做為溝通生產和消費兩端的平台，一方面要積極找尋更多有理念、願意嘗試的生產者，彼此不斷的溝通、調整，推廣友善環境的生產；另一方面也要找尋更多家庭加入「共同購買」的行列。因為唯有增加購買量，才能要求農友生產消費者需要的品質；也唯有穩定的購買量，才是生產者持續生產的最大保障。

有別於一般消費模式，主婦聯盟合作社採會員制，也就是必須先成為社員，才能購買合作社的農產。無可諱言，許多人依舊把合作社當成一般的有機商店，加入社員，只是為了買到比較安全的食物。因此，為了「讓消費不只是消費」，主婦聯盟從二〇〇七年年底開始改變方式：有意入社者必須先參加「新生訓練」，也就是「入社

參與社會運動也是共同購買不可缺少的一環。

社員參加灣寶西瓜節活動。

說明會」。透過說明會，先讓有意入社者了解「出資、購買、參與」是主婦聯盟合作社社員的責任，也是社員的權利與義務，更是撐起組織，讓組織得以健全發展的鐵三角。在說明會中，解說員也會詳細說明組織的歷史與現況、為何選擇合作社形式、社員如何參與、產品的開發及把關、如何在合作社購買，以及如何共創更豐富美好的在地生活，讓有志加入者理解主婦聯盟合作社是一個「透過消費力持續參與環境運動」的事業體。

設計這項宛如門檻的「入社說明」，對於習慣享受便利、迅捷消費模式的現代人來說可能會覺得很麻煩，但這其實是一個「必要之麻煩」——透過理解進而認同、支持，甚至投入。這也是主婦聯盟合作社一直鼓吹的，消費者必需回復自己的主體性，在消費的過程中同時累積共購的經濟力，並創造改變社會的影響力。

集結因「食的需求」產生的力量

在全球化的貿易體系下，當農產品變成商品，無論是穀物、水果，還是蔬菜，都已失去了食物本來的面目。一包米的價格容易標示，但一方水田或是台灣水稻文化的價值，該如何標示？被簡化為商品的農產品只剩下空洞的「數字價格」，在賣場上削價競爭，食物和農業隱含的「生命與文化價值」漸趨消逝瓦解。生產消費如何協力？產品的價值與價格該如何訴說？還有消費者對檢驗的迷思……等等，都是合作社必須不斷向社員溝通、再溝通的課題。

主婦聯盟合作社從創社初期一千七百九十九名社員，到今日超過六萬名社員，隨著規模持續成長，無可避免地衍生了許多管理與溝通上的問題。在維護社團本質與落實經營績效之間，在環境社會與經濟雙重發展之間，如何讓組織保持平衡是個兩難。此外，人才培育、經驗的傳承與交接，也是無法迴避，必須面對並有效解決的一大課題。

此外，包括全球極端氣候及生產環境持續惡化，農村生產與勞動人力快速老化，台灣整體社會邁向高齡化，如何穩定而有計畫性地生產？如何以合理價格供應成分實在的生活品？如何有效集結因「食的需求」所產生的力量？……這些都是當前的嚴苛挑戰，也是主婦聯盟合作社無可推卸的責任。

主婦聯盟合作社不僅是消費組織，也是運動組織。對照二十多年來推動共同購買運動的歷程，同時在減硝酸鹽、食安議題、農地守護、非基改等議題上累積改變能量，的確呼應了「拿回改變社會的主權，讓改變社會的力量回到消費者身上」。從主婦聯盟推動的共同購買運動，我們看到：集結有共識的消費力，不僅支持小農生產體系，並建構自給自足的微型經濟，成就更多社會正義和改變的力量。

台灣主婦聯盟生活消費合作社

愛的料理，食的力量，我們相信消費可以改變世界！

成立時間：二〇〇一年。

地址：新北市三重區重新路五段四〇八巷十八號

臉書／部落格：粉絲頁「主婦聯盟生活消費合作社」
網站：http://www.hucc-coop.tw/

營運方式：
合作社的資金完全由社員出資入股，每位社員都是合作社的股東和所有人，每年可分配營運結餘；同時限定社員購買，購買前，需先加入成為社員。

購買方法有三種：
〔方法一〕站所購買。合作社全台共有四十七個站所，社員到站出示社員卡即可購買。
〔方法二〕隨班配送。三人以上可以組成一個班，共同訂購，單次訂貨兩千元以上即可出貨。組班三個月、每月訂購金額一萬元以上，可享回饋金。

〔方法三〕個人配送。單次訂購一千五百元以上、送達地點位於合作社配送路線，可選擇由合作社配送。兩千元以上免運費，未滿兩千元須付運費一百元。

此外，也可以選擇貨運寄送，各分社配合條件不一，需個別洽詢。

互動人數：

〔農友〕合作的農友約一百五十人，以友善農耕方式，照顧約六百公頃農地，供應八百多種生活必需品。

〔顧客〕二〇一五年，社員數已超過六萬人。

永續概念：

本著愛與合作的精神，主張綠色生活從安全的食物開始。透過共同購買的消費力量，保護台灣農業、捍衛糧食主權、支持友善環境的生產者及維繫地球資源的可持續性。

每週一籃菜為當季蔬菜組合。合作社依每天新鮮到貨的種類，組合 7-12 樣蔬菜，包括葉菜類、瓜果、根莖類等。

共同購買型

直接跟農夫買

讓產業中的每一分子，都可以得到更合理的利潤

文／許采竹　照片提供／直接跟農夫買

回想一下，自己每天吃的食物。
這些食物從哪裡來？你對它們的了解有多少？
推著菜籃車在超市選購食物時，
身為消費者的你關心的是價錢、外觀美醜、健康有機，還是這些食物的產地來源？

會種卻不會賣，怎麼辦？

二〇一〇年，由買買氏在臉書發起的「直接跟農夫買」平台集結一群對環境熱愛的志工、上百位無毒耕種的農夫，以及眾多關心土地的公民，致力於挖掘台灣各地優秀的農產品，並推廣給更多消費者。

在慣行農法普及的今日，其實仍舊有許多生產者願意嘗試減少農藥，甚至無農藥的生產技術，即使需要耗費更多的心力，得撐過收成數量下降的過渡期，這些生產者還是堅持生產健康、優質的食物。但老實說，多數的生產者並不善於銷售，再加上傳統消費市場偏愛低價、外觀毫無瑕疵的蔬果，以及賣場的削價競爭，經常使得這些苦心耕種的農產品銷售無門；甚至因為外表不完美，連拍賣市場那一關都過不了。藉著「直接

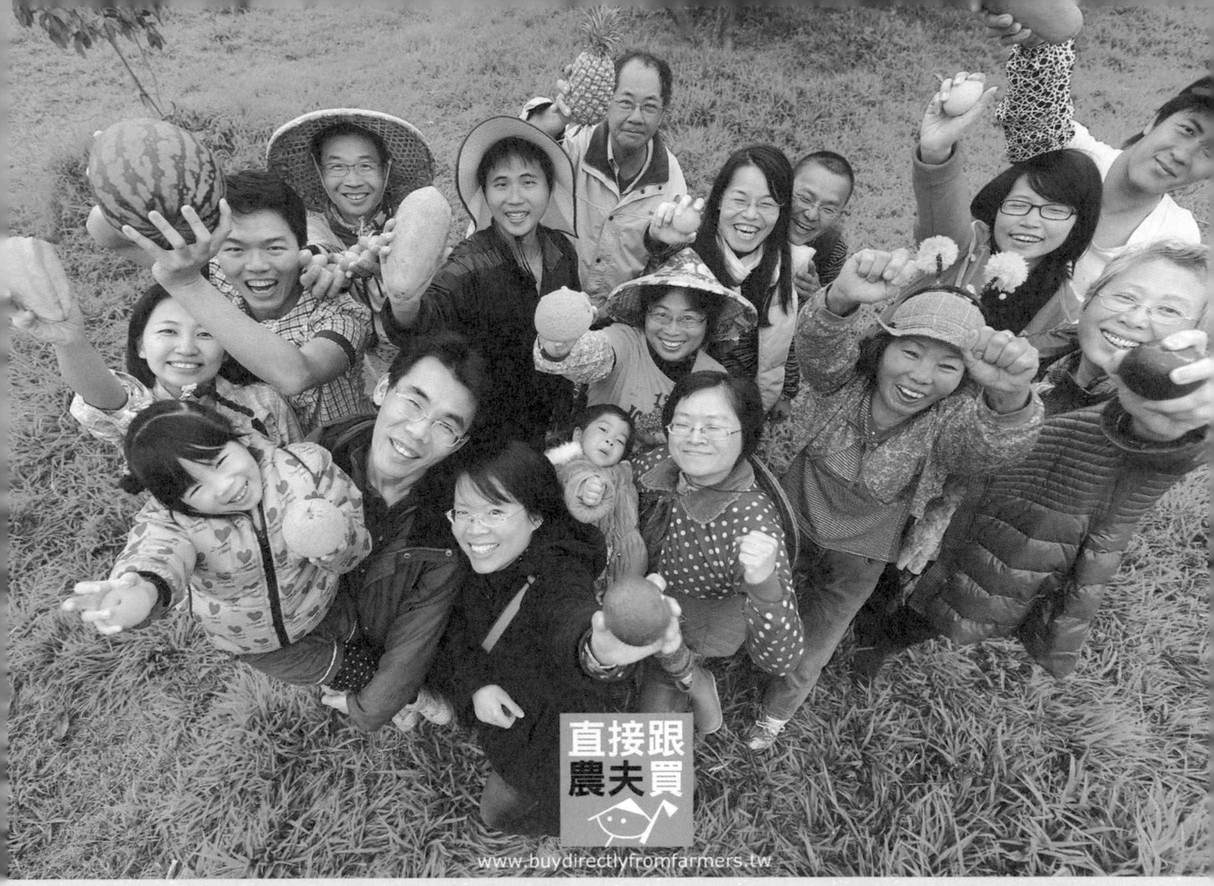

直接跟
農夫買
www.buydirectlyfromfarmers.tw

建立農業和鄉村更多元的工作型態，朝向互助循環的健全產業前進，讓產業中的每一分子都可以得到合理的利潤。

直接跟農夫買
1. 生產者提出申請，平台核可即可成為供貨夥伴
2. 透過「計畫性支持專案」預約機制，計畫生產
消費者選購
消費者
生產者

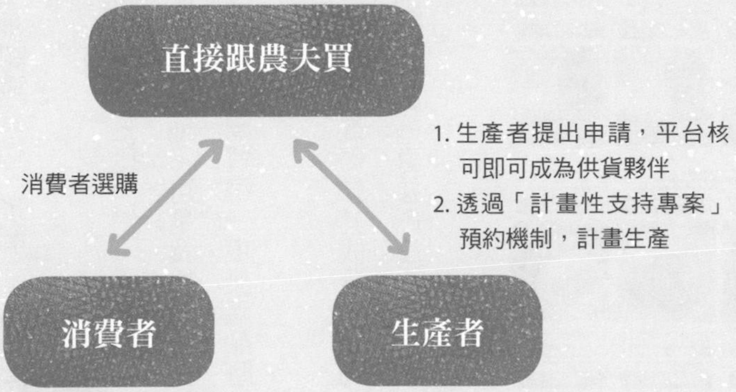

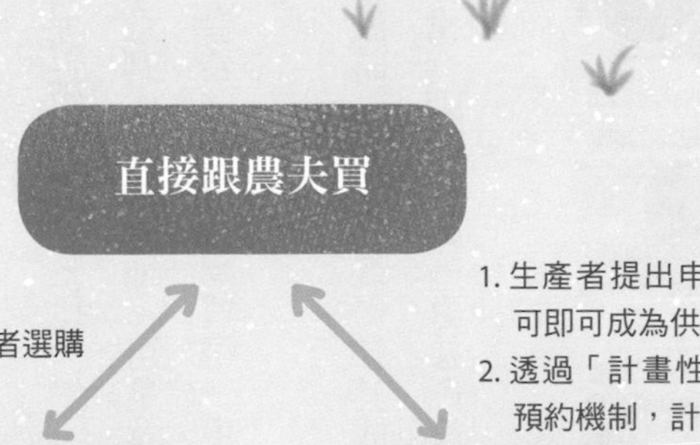

跟農夫買」網路平台成立，等於在生產者和消費者之間建立起互相溝通的網絡，友善環境的生產者有機會直接面對消費者、為自己的產品負責；消費者也可以更進一步認識食物、了解生產的人是用什麼態度在耕種。

現今的農業有許多問題，大面積種植換來的是農藥加量、生態環境破壞，以及作物單一化等等現象；消費者往往也只看到食物的包裝和促銷手法，很少注意到成分及產地。可是食物的背後是人，是大自然，食物並不是機器製造出來的產品，「直接跟農夫買」平台希望消費者購買每一項農產品時，都能夠知道背後的生產者是誰，甚至更進一步到產地拜訪。

以台灣消費量極大的茶飲市場為例，我們日常在飲料店購買茶飲時，幾乎無從得知其成分、耕種方式、產地來源。其實台灣有許多茶農以無農藥方式栽培好茶，價格也非常合理，比如「直接跟農夫買」的「蜜香

每一項農產品都有註明生產者。生產者可以為自己的產品負責，消費者也能了解農夫是用怎樣的態度種植作物。

彥均和盈君栽種的「蜜香紅茶」。

紅茶」。「直接跟農夫買」團隊青農彥均七十九年次，是團隊中最年輕的農夫，與可愛的太太盈君，三代傳承耕種經驗，以守護水土的方式於台東生產。他認為農民辛苦的工作不單只是為了夢想，也是希望能讓生活過得更好。所以他的目標是要幫助在地農民建立品牌，帶領更多農民有好的收益。

若以價格換算，自己輕鬆用馬克杯泡一杯蜜香紅茶的費用，遠低於一天一杯飲料茶的價錢，既然如此，何不多多支持本土的生產者呢？了解農夫的故事、參與產地活動，搭配便利快速的物流配送網，大幅縮短消費者與土地之間的距離。消費者透過農人支持土地，土地則回報作物以餵養人們，如此生生不息的循環下去。

除了推廣友善環境的農產品外，平台也會邀請消費者參與「計畫性支持專案」，將市場需求數據化，協助生產者適量生產，避免產量過剩價格下跌，導致血本無歸，或是某些特定糧食生產

包裝、裝箱，準備出貨。「讓年輕人願意進入農產業」是直接跟農夫買的目標。

不足的狀況。計畫性生產的預約機制，也使生產者可以更有目標地耕種，不會道聽塗說濫種某些作物、也不會盲從短暫的價格波動。由生產者、消費者雙方共同找到作物產量的平衡點。

共同面對台灣農業的長期困境

經過四年的經驗累積，「直接跟農夫買」的團隊發現，「公益平台」雖然讓更多人認識台灣農夫，但有時只能解決一次性的問題，許多農業結構上的困境，例如：永續銷售、年輕人不願意進入農產業、農耕轉型技術、農村人口外移等等，「公益平台」仍無法給予有效且長期的幫助。因此在二〇一四年初夏，決定轉型成為「社會企業」，透過組織性的企業型態，計畫在未來三年繼續改造一百位農人或農村。

買買氏表示，從公益平台轉型成社會企業的過程中，最大的不同在於，過去以公益性質義銷農產品，並未考量到志工們投入的工作心力、交通成本，也沒有足夠資源提供農夫渡過轉型期，或對產品更進一步的把關。以「勇士鳳梨」為例，一群布農族農夫希望能從慣行農法轉型為自然農法，但在耕種、品管技術上有很多需要突破的地方，銷售上也遇到很大的挑戰，若以社會企業的模式發展，就能有足夠的金錢和技術資源，在轉型期給予生產者實質的陪伴與協助，讓更多美

直接跟農夫買專注支持無農藥耕作的農夫，特別是青年農夫。

好優質的農產品有機會在台灣這塊土地上萌芽。

在農產品販售方面，轉型為社會企業後，「直接跟農夫買」仍然堅持無農藥或減農藥的作法，鼓勵消費者吃當季、吃當地，減少食物的生產里程；改變消費環境的想法，拒絕除草劑或任何破壞環境的生產方式，讓作物生產與環境永續的概念能夠並行；全員負責流程，稽核人員與生產者簽訂耕作理念契約，生產者和產地資訊透明化；公平、善待，並且尊重每一個流程的夥伴，讓彼此能在這條路上繼續前行。同時，「直接跟農夫買」百分之六十以上出貨都是採用回收包材，這一點也獲得高達百分之九十六點四的消費者認同，甚至還有消費者主動協助收集回收包材。

此外，轉型成社會企業後，「直接跟農夫買」也期待創立一種新世代的產銷班形式。目前團隊中有百分之八十到八十五的成員是農夫，專心負責生產，

上圖：以農人為中心，逐步邀請農夫成為核心營運團隊，圖中之玉米農夫雪鈴，現職為倉管大隊長。
下圖：百分之七十一的生產者，收入提升百分之二十以上。

產地體驗活動，為消費者與生產者搭起溝通的橋樑。

百分之十到十五的成員是產地稽核、行銷、數位科技的專業人才；同時請資深農夫進行新進農夫的教育訓練、青年農夫籌畫各鄉鎮農團隊整合及產品開發，建立農業和鄉村更多元的工作型態，朝向互助循環的健全產業前進，讓產業中的每一分子都可以得到合理的利潤。根據二〇一五年「直接跟農夫買」報告，加入平台後，百分之七十一的生產者，收入提升了百分之二十以上；百分之九十以上的生產者，認為自己付出的價值有獲得提升，大眾更認識其生產理念，自己也更有信心朝友善農耕之路邁進。甚至有百分之六十八的生產者會支持自己的孩子回鄉務農。

消費者能以合理的價格買到產品，農夫不再是悲情的角色，不論是經驗老成的農人，或是正在回鄉路上的年輕農友，平等互相對待；不僅穩定農人的收入，更肯定這群工作者以農為生的生命價值。做為消費者與生產者橋樑的社會企業，從消費者與生產者雙方獲得合理的利潤，讓企業能順利營運。環環相扣的結合，為農業與台灣的未來盡一份心力。

直接跟農夫買

認識爲你種植的人，了解食物眞正的重量。

成立時間：二〇一〇年七月成立社群，二〇一四年五月轉型為社會企業。

臉書／部落格：粉絲頁「直接跟農夫買」

網站：https://www.buydirectlyfromfarmers.tw/

營運方式：

利用網路平台販售友善生產者的農產。生產者可上網登錄提出申請。只要願意共同守護土地與人群，堅持無農藥（認可標準為有機認證或農藥零殘留報告），或減少農藥耕作（認可標準為農藥殘留低於衛福部公告合法殘留量之十分之一）就可加入供貨夥伴。後勤團隊會協助親訪審核與參與式驗證，並提供行銷、宅配、訂單彙整等協助。消費者則是可以利用網路下單訂購，並可參與以農夫為主角的產地旅行、田間工作營、農耕學習等活動，擴大生產

者收益範圍。平台另有規畫「計畫性支持專案」，綜合市場需求、數據分析，以預約機制協助生產者目標性地適量生產。二〇一四年轉型為社會企業，企圖創立新世代的產銷班形式。目前團隊中有百分之八十到八十五是農夫，負責生產；百分之十到十五是產地稽核、行銷、數位科技等專業人才；同時以資深農夫進行新進農夫的教育訓練、青年農夫籌畫各鄉鎮農團隊整合及產品開發，建立農產業和鄉村更多元的工作型態。

互動人數：

〔農友〕五十二人（二〇一五年四月）。

〔會員人數〕每月平均有七百到七百五十人次造訪；自二〇一四年十一月底網站會員建置完成，截至二〇一五年四月底，會員人數兩千八百人。

〔社群人數〕十萬七千五百人（二〇一五年四月）。

永續概念：

協助努力嘗試逐漸減藥種植的生產者，提升台灣友善農耕比例。

市集&生產聚落型

綠農的・屏東環盟・彩虹農場・彩虹餐廳

從產地到餐桌的飲食革命

文／林寬宏　照片提供／綠農的家

「少年的，不然你是要買多少？」的確，整個社會對農業生產環節並不友善。換句話說，農民想盡辦法生產出更多農產，是人之常情。「唯有真正投入農業生產的行列，才有辦法說服更多農友轉型。」於是，這群沒有農業、農學背景的工作夥伴，開始一場從產地到餐桌的飲食革命。

從農業落實環境保護

洪輝祥，他是綠農的家創辦人、實現產地與餐桌構想的幕後主要推手，也是屏東環境保護聯盟理事長。洪輝祥回憶當初投入無毒農業推廣的初衷，其實是來自於對台灣土地的疼惜。保護農地等同於創造更好的環境品質，洪輝祥希望讓更多人共同參與環境保育的行列，二〇〇五年屏東環盟成立後，除經營環境議題，也開始思考如何提高公民參與，實踐農業運動。

當時身兼高中輔導主任的洪輝祥每學年固定會到縣內各國中拜訪，行經枋山屏鵝公路時，發現一旁坡地不禁颱風雨水沖刷，滾滾泥流挾帶大量土石直接流入海洋，連帶危害珊瑚的生長環境。枋山是愛文芒果的知名產地，果農多是與林務局承租山坡地種植芒果，除了超限利用土地，不時還會噴灑除草劑，對環境造成不

對於洪輝祥來說，農業價值並非只體現在農業生產，農地可以是生態豐富的棲地，也可以是農業、農村文化的生活縮影。

招牌農產：綠農的家商務平台以芒果發跡，目前已拓展至數十種蔬果、加工品，每個季節都有不同的農產。

產季：一年四季。

農夫市集：自行籌組「一一一一」市集，每週六下午於彩虹餐廳前空地舉辦。

探訪屏東山愛文芒果小農。

小的危害。因此，洪輝祥開始隨機拜訪果農，希望用道德勸說，說服農民改變慣行種植方式。

但兩年從旁勸說沒有促成任何改變，直到第三年。有一天，洪輝祥與往常一樣四處提醒農民注意果樹健康、土壤流失的問題，當然也與往常一樣，沒得到正面回應。突然間，戴著斗笠、穿著防曬布巾阿姨的一句話，意外地點醒了洪輝祥。

「少年的，不然你是要買多少？」突如其來的一句話，讓洪輝祥啞口無言，卻又感到心酸。他這才開始思考，在工業化農業的生產模式下，必須大量生產出符合標準規格的農產品才能獲得利潤，整個社會對農業生產環節並不友善，生產者也從未被重視、支持。換句話說，農民想盡辦法生產出更多農產，是人之常情。

所以，洪輝祥決定結合消費者的力量，以實質方式給予生產者支持。二〇〇六年，屏東環盟找到願意合作的年輕農友陳美和，考量到種植單一種類的果樹很難全面不施用農藥，最後決定略

彩虹農場打造友善生態的循環農法。

微妥協，協議不得使用除草劑、芒果套袋後不施用藥物，同時出貨前由屏東環盟親自採樣送檢，確定無毒殘留才送到消費者手中。

消費者參與，才是最好的認證

「用對的方式支持農友，農友就願意改變！」洪輝祥堅信，生產方式的改變，除農民自身的堅持，更需要消費者者以合理價格支持。屏東環盟第一年從一百二十箱的芒果出發，以市場價每箱一千元向農友收購。透過親朋好友網絡，一百二十箱很快便銷售一空，並獲得熱烈迴響。

第二年，友善環境芒果的農友團隊擴展到十人，屏東環盟也成立部落格協助農友行銷，並以宅配方式運銷。當時洪輝祥看到芒果認購的成效這麼好，心想既然以消費端支持農友的模式正確，就應當擴及更多農產，支持更多小農。

二〇〇八年，洪輝祥在農業運動的投入日深，自覺無法兼顧學校課業與接踵而來的環境保育工

作，因此決定辭去教職。並在同年正式成立「綠農的家」綠色電子商務平台，專心投入環境倡議與農友輔導。

在輔導農友轉型過程中，有時會發現某些農友偷偷用藥，涉嫌欺騙消費者。做為一個中介平台，洪輝祥認為自己有必要為消費者把關，於是開始強制要求農友需於採收前，經由綠農工作人員親自採樣送有機／無毒檢驗，也開始施行不定期的農地稽核。

但僅有檢驗制度是不足的，參與式認證才是信賴感的來源。檢驗只是一個客觀數據，洪輝祥認為若只相信檢驗的科學指標，依舊落入了過去的技術窠臼，產銷兩端依舊遙遠。因此開始辦理走讀產地小旅行，四季認識不同的農產與農友，「既然宣稱友善環境，三百六十五天都可以為消費者開放！」

合作農友越來越多之後，綠農的家也開始參與全台各地農夫市集，主動串連消費者，希望能扭轉過去靠價格及賣相決定購買的消費習慣。

投入生產行列，循環農法的新典範

捨棄單一化種作方式，適度規畫農地，提高生態多樣性，也強化生物抗病性。

屏東環盟推廣友善環境農業的過程中，常有農友質疑有機農法的可行性。二〇〇九年，經農友介紹，屏東環盟決定承租台糖在四重溪廢耕許久的農地，希望能藉由親身實作，了解農作生產環節，並透過實際體驗農作的辛勞，更加理解農業、農村價值，進一步改善綠農平台的不足之處。他們將這塊農地命名為「彩虹農場」。

洪輝祥表示：「唯有真正投入農業生產的行列，才有辦法說服更多農友轉型。」於是，這群沒有農業、農學背景的工作夥伴，從認識土壤、適地適種，到堆肥製作，一步一步開始學習，並漸漸發展出一套自己的「彩虹農法」：捨棄單一化的種作方式，適度規畫農地，同時種植洋蔥、稻米，並讓農場內土雞、番鴨、黑毛豬的飼料全都來自農場，除了提高生態多樣性，也連帶強化生物抗病性。

建立綠色基地，推動飲食革命

友善農產品進到廚房，若使用了不友善的料理方式與添加物，到頭來還是為人體帶來負擔。這一點，讓洪輝祥萌起經營友善餐廳的念頭。於是他在二〇一四年成立彩虹餐廳，

同時種植洋蔥、稻米，讓農場內土雞、番鴨、黑毛豬的飼料全部來自農場。

連結農食兩端，希望透過食農教育訓練，找回食物原味與健康。

洪輝祥找來過去合作的環保盟友、小農，共同出資，重新整理屏東市一處廢棄幼稚園，將舊有建築和空地，改造成結合綠農門市、彩虹餐廳、屏東環盟辦公室、友善市集、綠書坊的綠色基地，將過去二十多年的努力呈現在彩虹餐廳上。

「我們不希望美味是包裹毒藥的糖衣。」洪輝祥語重心長的說，許多餐廳壓低成本，剝奪小農與消費者權益，來換取高額利潤，因此必須顛覆傳統餐廳的營運模式。彩虹餐廳所使用的食材百分之百來自綠農農友、彩虹農場，除了使用健康無毒的當季食材外，堅持使用低溫慢煎，減少過度的烹調，呈現食材原味。

未來彩虹餐廳還計畫活用既有的食堂空間，推廣傳統飲食智慧的傳承，開辦一系列製鹽、做豆腐、醃梅工作坊，喚起社會對食物智識的重視。

產地到餐桌最完美的結合

彩虹餐廳 & 綠農門市。

清明連假的上午，儘管午餐入場的時間未到，開幕三個月的彩虹餐廳已經湧現不少人潮，父母帶著孩童在餐廳前廣場跑跳，不少人對戶外生態池、流水渠道感興趣，彎下身子補撈小魚蝦、水生植物，也有不少民眾逛起餐廳附設的綠農門市、綠書坊，這正是洪輝祥投入環境運動之初最期待的生活想像。

對於洪輝祥來說，農業價值並非只體現在農業生產，農地可以是生態豐富的棲地，也可以是農業、農村文化的生活縮影。就如同「彩虹」農場與「彩虹」餐廳的命名，彩虹是一種自然現象，人人都期待著它的出現，也是洪輝祥對生活環境的冀望，若能將生態環境好好維護，人與環境互利共生，必能從自然中獲取滋養。

生產者與消費者的相遇之旅，屏東環盟花了十年慢慢醞釀，期待農耕流程友善生態，而產消關係也逐漸形成了另一個正向的生態循環，農民照顧農地、消費者支持農友、土地孕育的健康作物滋養了消費者，建立出一套更完善的農業產消防護網。

綠農的家

無毒是基本人權，
生產過程友善環境、交易過程友善農民，
串連起來就是產地到餐桌的最佳實踐。

成立時間：二〇〇五成立台灣環境保護聯盟屏東分會（二〇一三年正式立案為「社團法人屏東縣環境保護聯盟」），二〇〇八年成立綠農的家，二〇〇九年成立彩虹農場，二〇一四年成立彩虹餐廳。

地址：彩虹餐廳：屏東市台糖街三十九號
彩虹農場：屏東縣車城鄉石門埔七號

臉書／部落格：粉絲頁「屏東環境保護聯盟&綠農的家」、「彩虹農場」、「彩虹餐廳」
屏東環盟：http://pepaorg.blogspot.tw/
綠農的家：http://www.greenff.com.tw/

營運方式：
「綠農的家」利用門市、網路平台販售農產。網路平台有「少量多樣」或「多樣少量」的套餐組合，消費者可選擇農友直接出貨，或由綠農包裝後宅配。「彩虹餐廳」為完全利用綠農農友生產食材製作餐點的餐廳，採預約制，每日有午餐、晚餐兩時段可供選擇。

互動人數：

〔農友〕合作農友一百一十八位。

〔顧客〕截至二〇一五年，「綠農的家」消費人次達兩萬多人。

永續概念：

「綠農的家」販售的農產品以及販售過程、「彩虹農場」作物栽種，皆努力落實以下六項基本要求：

1 草生栽培，拒用除草劑，做好水土保持，保護生態多樣性。

2 友善環境，不在生態敏感區生產，鼓勵低海拔種植。拒絕高海拔一五〇〇公尺以上農產品．拒絕河川地農產品．拒絕地下水管制區農產品．拒絕伐木生產農產品。

3 食品安全，生產過程不用抗生素、荷爾蒙、催熟劑，保有動植物自主權。

4 無毒管理，逐步捨棄化肥和農藥使用，以友善環境生產模式，促進土壤活化。

5 無毒檢驗，每季產品均通過檢驗合格，無農藥殘留是對消費者的信用。

6 簡化包裝，包材重複使用、落實廢棄物回歸自然。

合樸農學市集

讓社群述說「美好生活」的故事

文／陳孟凱　照片提供／合樸農學市集

市集不只是單純進行買賣的「市場」，合樸想辦法讓市集變成能「使人感動的地方」。所謂「社群協力農業」，「協力」不僅是經濟上的支持，更須情感上如同家人、朋友的支持，才能發揮更大的力量；讓建立在「人際關係」上的認證，取代商業模式的標準化認證。

合樸＝合作簡樸＝Hope

二〇〇六年十月，合樸農學市集由一群關切環境、農業及社區互助的朋友共同創立，致力推動「社群支持型農業」，以小而美的在地生根方式，重新找回並建立人與土地、人與人之間的親密連結；也透過飲食的選擇，改變生活，改變環境。不過「農夫市集」只是合樸工作項目之一，合樸還有許多其他常態性的活動，包括產地拜訪、幸福學課程、「藏種於農」工作坊、共同廚房、咖啡沙龍、農志學苑，以及各種類型的「生產部落」等。

合樸，也就是「合作簡樸」，英譯為hope，合樸強調的是「社群」的概念，「社群」與「社區」不同，「社區」屬於地理性質的範疇，而「社群」則是由共同理念而聚集的群體。並非以賺更多的錢或更多消費為前提，

希望能從「社群」這樣的小單位展開改變的可能，重新建立關係，以食物重新連結人們與土地，在當代實踐另一種生活的方式。

招牌農產：市集有超過二十位小農提供農產以及多樣產品組合，包括生鮮蔬果與加工品（豆腐、咖啡、釀造品……等）。

產季：一年四季。

農夫市集：每月第二個週六，早上九點到下午兩點，台中市西屯區西平南巷六之六號（法鼓山寶雲別苑）

合樸農學市集

1. 消費者選購
2. 產地拜訪、農事體驗
3. 工作坊、生產部落、手工廚房……等市集活動
4. 會員手作成品交換

1. 農友擺攤
2. 農友、志工故事分享

消費者

生產者

意識到資源的有限性，合樸提倡以簡樸的方式善用資源，並依靠眾人協力合作以及共享資源，這種互助互惠的方式就是「美好生活」的基礎。

讓市集變成「使人感動的地方」

合樸農學市集是台灣第一個農夫市集，主要的經營理念希望找回人與人之間的合作精神，讓所有人都成為「夥伴」，而不只是單純的買賣關係。而夥伴間經過時間磨合，一點一滴所累積的「信任」，是合樸最寶貴的資產，也是外界無法模仿的關鍵。

「市集經營部落」的頭目莉貞對這一點感受尤深。她既是市集的生產者，也是合樸的資深志工，在先生罹癌後開始注意飲食和清潔劑安全問題，辭去工作陪伴治療的過程中，開始學習手工皂製作。

當時莉貞想跟人分享討論清潔劑問題，於是主動與合樸聯繫，經審核後正式成為合樸的生產者，開始到市集擺攤、擔任志工；四年後，莉貞先生離世的巨大打擊讓她陷入低潮，所幸當時合樸極需人力，有夥伴及時拉了莉貞一把，請她擔任全職志工，繁忙事務讓她慢慢拾回生活的現實感，加上大家的關懷打氣，才從喪夫之痛走了出來。

合樸經驗顯示，所謂「社群協力農業」，「協力」不僅是經濟上的支持，更須情感上如同家人、朋友的支持，才能發揮更大的力量；也不僅是消費者對於生產者的支持，而是所有成員之間的彼此的幫助扶持。

所以市集不只是單純進行買賣的「市場」。合樸想辦法讓市集變成能「使人感動的地方」，產生能讓「人與人」面對面互動的氛圍，因此平常除了農友擺

帶著小朋友到合樸公田種菜。

攤，合樸也會主動舉辦不同的活動，像是「荷松開講」，就是邀請農友、合樸的志工分享自己的故事，透過輕鬆的聊天，建立起「群體」的氛圍。

除此之外，市集也設立「手工廚房」，使用農友的農產品，在現場教導市集的消費者料理烹飪，從中實踐「吃在地、吃當令」的理想。另一方面也傳達市集的核心精神，讓更多人愛吃健康蔬菜。因為健康蔬菜不只是善待自己、更是善待生產的農民與種作的自然環境。

在台灣，健康蔬果大多時候是和「有機」畫上等號，然而「有機蔬果」的種作方式卻不一定友善環境與生產者，甚至因市場機制的競爭邏輯，農友必須投注更多資金取得認證、擴大規模，一般小農根本難以負荷。因此，合樸並不要求參加市集的農友具備「有機標章」，而是利用活動，讓建立在人際關係上的「合樸市集」成為一種「認證」，取代商業模式的標準化認證。

合樸農友大會。

「部落」＋「社群貨幣」＝美好生活

互助合作的基本單元，亦即合樸的運作礎石，就是「部落」。這是由志同道合的夥伴所成立的自給自足的組織。部落成員彼此分工，各個部落之間也平等運作。合樸就是所有部落的結合，有如部落的聯邦。

市集目前已經開展出的部落有：市集經營部落、社區豆腐坊、咖啡部落、台灣米部落、公平貿易、物流部落、預購取貨部落、捨得部落、務農部落、芽菜部落、社區貨幣小組、共同廚房，每個部落都是透過互助互惠機制，由「個人」凝聚成「社群」的練習的平台。

以社區豆腐坊為例，合樸以師徒制的方式，教導學員以手工製作豆腐、豆漿，也開發包裝的豆製品。然而，合樸豆腐課真正目的並不在於教做豆腐，而是想透過豆腐班集結一群人，用社群的力量支持台灣種植大豆。透過從學徒、助理、副手到師傅的養成，傳達大豆的價值，並凝聚畢

社區豆腐坊的豆腐課程，以師徒制方式，教導學員手工製作豆腐、豆漿。

業學員形成生產、加工、銷售、研究與發展的網絡，進而喚起有機大豆在地栽培的生機，創造支持本土大豆更寬廣的空間與未來。

社區豆腐坊的核心概念，是「參與式創業」，簡單的說就是一種投資，但這種投資和買股票、買基金或一般創業完全不同，不一定需要先拿出現金，重要的是參與：投入時間愈長、參與愈深，「獲利」也愈多。

等到學會了製作豆腐的技能後，學員可以用自製的豆腐拿到市集交換，具體實踐「社群貨幣」的功能。合樸認為社群裡最重要的不是經濟資本，而是社會資本，而社會資本是逐步累積的，是人與人之間互動連結成人際關係網絡。在這樣的人際網絡裡，關係的品質與厚度相對更加重要，「社群貨幣」也只有在這種網絡關係裡才有可能發生。

合樸農學市集希望能從「社群」這樣的小單位展開改變的可能，重新建立關係，以食物重新連結人們與土地，在當代實踐另一種生活的方式。

合樸農學市集

好好務農、好好吃飯、好好生活、好好讀書！飲食的選擇可以改變生活、生存、生態與生命。

成立時間：二〇〇六年十月

地址：台中市北區中清路一段一〇一號

臉書／部落格：粉絲頁「咖啡部落－樹合苑」
合樸農學市集：http://www.hopemarket.net
樹合苑：http://www.treehope.net

營運方式：
「合樸農學市集」是台灣第一個農夫市集，目前每週五與週六固定舉辦市集，經過七年多的累積社群力量，從二〇一四年起先後成立四家公司：合菽（創立有機認證豆腐工廠與社區豆腐坊），合崙（一日茶事推廣有機茶），合馥（公平貿易雨林咖啡），與樹合苑（農友店面／小舖／課程……等），希望找回人與人之間的合作精神，讓所有人都成為「夥伴」，而不只是單純的買賣關係。

互動人數：
〔**農友**〕合作農友約三十位。
〔**顧客**〕常態性顧客約一百位。此外尚有核心志工約二十五位。

永續概念：

合樸市集透過市集、樹合苑、豆腐坊和農學課程，連結農友、志工與消費者，逐步展開與實踐社群協力農業模式，參與者可依自己的狀態調整參與的深度。期待能以「社群」為單位展開改變，以食物體系重新連結人與土地，彼此成就，互惠共生。

第二部：港中篇
新一代的歸農路

香港有農，那原是不遠的昨天。一九五〇、六〇新界西北元朗平原還在生產遠近馳名曾上貢朝廷的絲苗米。蔬菜方面，即便到了地產起步的八〇年代，仍然能供應本地三成需要。

也是八〇年代，香港人赫然發現毒菜在每天的菜籃中。一些人開始反思城市與土地的關係，拿起鋤頭歸田。有人開始推動從外國學過來的社區協力農業，叩問金融資本發展的倫理邏輯，探索生活持守的價值，實踐不一樣的消費與生產關係。那種清早摸黑收割，然後走到市集擺賣，養活一家幾代的故事，已經很難找到。然而，我們有不一樣的農。繁忙的金融中心地帶，農夫市集每星期擺開；各個社區有不同形式小規模的共同購買，鄉郊有跟地產城市發展殊途的復耕運動，鬧市中則有扎根社區以社會資本為經脈，重整生活資源和文化的在地生計。跟農互動的社群底面貌越來越豐富，互動的深度和厚度都提升了。該如何重新思考「社區」，如何重新理解城中的「農」，如何豐富之間那支持／協作／共好／互助等關係？

+++

城市知識分子回到衰敗的農村，幫助鄉親們建立幸福生活，在中國大陸已經有快百年歷史。近十幾年，這個隊伍中多了年輕人，他們以及一些同行者，在土地、在農（家生）活、在城鄉不一樣的互動中找到希望。

高中時代已經立志返鄉的農家青年小郝，在城市安家，努力尋找和建設好土好水好米（好生產者），努力尋找知音（好消費者），為有心人圓他們的田園返鄉夢，發覺自己的田園比夢想的遙遠，但卻更為廣闊。在城鄉繼續來回，廣西土生良品飯店支持和掛靠小而美的自足生態小農，通過食這個平台，實現幸福生活的價值；更成為年輕人歸農理想的練習場。

就是這麼一群數目不多的城市人，一點一滴地累積（人和情），建設夢想中的生態生活社區。他們成為了在城市的農村人，在農村的城市人。

香港
CSA

照片出處：禾・花・雀・塱原生態農社／南涌養地人／菜園村生活館／菜園村生活館

香港CSA

農墟，展現生活的精神

文／林志光　社區伙伴生態農業項目統籌

從中港台三個地區看來，香港的原居民早已選擇脫農；默默守著土地的佃農，是離鄉背井的移民，也許原鄉情懷的味道早已淡忘。戰後出生的一代，早在青年時代就被捲進工業發展的浪潮，造成對農的冷漠與疏離。

這種冷漠的情緒，合理化了三十多年前由農轉工的社會改革：只花上短短數年，便完成一場翻天覆地的變革，來得既淡然又平和。那時候，大家彷彿並沒有留下半絲猶豫。

不久前，我們正在為保護新界東北，這一塊香港最後的農業腹地抗爭，衝擊起新一幕社會運動，看來有點理所當然。我們與中國及台灣的朋友，前往探訪區內一群老農進行的稻米復耕嘗試。路上，看滿眼捍村衛土，保護農業的橫幅，是什麼原因讓我們再去關心農業這位老朋友？

接著，聽著嘉道理農場的同事介紹香港有機農墟的發展故事，頓然有了一些新的思考。當大家再看看十年來有機農墟的布局，我們不難發現香港農業的再生點究竟在哪裡。

從傳統墟市到新市鎮

二〇〇〇年，嘉道理農場園內舉行了一次有機農產嘉年華，算是有機農墟的前身。儘管只是兩天的活動，也算是突破了有機農戶與消費者的零距離接觸。兩年後，我們出現了第一個固定的有機農墟——大埔農墟。

大埔農墟的選址是原來太和市（大埔新墟）的一部分。二次大戰前，新界是一個農業社區，鄉村散布，居民主要以種稻為主，禽畜飼養、魚撈和小手工為輔。生產所得供自用以外，剩餘的便會定期挑到約定的墟市買賣。

「墟」是指村野擺賣土產的空地，倘若我們仔細看看每個墟市的這些土產，不難解讀當地人民的生活文化，以及與自然的關係。那時，鄉民挑擔往墟市售賣剩餘的農產品，包括雞鴨、果蔬、柴薪，以及在山野採集的草藥與捕獲的鳥獸。擺賣的產品讓我們感覺到四時的變化，叫賣聲中，散發原始季節的感覺。

因為路途遙遠，他們得大清早出發，擺賣時總是習慣性的講價，交流各種各樣的信息，也因此提供了創造新的知識及生活智慧的養分。一般來說，鄉民中午前便將帶來的產品賣掉，然後再將錢在墟內採購其他日用品回家，完成生活資源的調節。墟市不單是城鄉交接的經濟活動中心，墟市是以人、以生活構築的場所，以關係及智慧醞釀的人文空間。

這樣，通過傳統墟市的聯結，鄉民無論從物資上，或是生活智慧上均得以豐富。那時候的生活，體現密切的人際關係，亦反映高度的自主性及自力自足。

至八〇年代大埔被規畫發展成新市鎮，帶來一場社區空間的重新布局，原來屬於萬物的田野鄉土被水泥覆蓋後，轉化成人類的私產。借助電氣化後的鐵路連接，從飽和的城裡輸入一批新的人口，白天進城工作晚上返家，塑造了一種過客式的生活狀態。隨後，傳統的鄰里空間迅速瓦解。此外，人們對於時間的概念亦發生巨大變化，我們的四季感消失了，變得平面化，忘記了四季其實是萬物心境的交替。生活節奏隨著鐵路的增速而加快，快速移動的身體，不斷地削弱我們感受環境及關係的能力。

大埔有機農墟 香港農業發展的逆向邏輯

二〇〇三年我剛離職，準備進入大陸工作。離開前，我與當時的同事正在組織新的大埔有機農墟，原意在連接當時零散的有機農戶。我們怕萬一不趕快做點事，現在還可看到這微弱的農業前景也恐怕不保，一幫合作夥伴感覺責無旁貸！

因此，今天大埔有機農墟這個選址，更多是考慮它鄰近有機農田最集中的錦田平原，運輸成本優勢較大。同時，位處新老交錯的大埔社區，緊靠背後的是相對草根的太和村。此外，大埔有機農墟的出現也在嘗試挑戰社會對有機蔬菜針對中產消費者的侷限，利用地理條件的優勢，銷售比傳統專賣點便宜的有機蔬菜。通過農戶與消費者長期直接的交流與理解，一點一滴累積的情感與信任，吸引每天幾千人前來「趁墟」。

轉眼十年，大埔有機農墟依然每個星期天洋溢市井的叫賣聲及歡笑聲。重新再看看這個有機農墟，並將它放在原來大埔墟市的興衰脈絡來思考，我們有一個逆向的發現：如果說從前的大埔墟市是鄉村往城市的延伸，今天的有機農墟則是城市往鄉村的探知。

灣仔農墟 本地、本土的思考

二〇〇五年，灣仔舊區的重建計畫掀起一場為時五年的社區保育運動，成為香港城市發展史上的一個重要里程。一向習慣於線性經濟發展邏輯的我們，頓然被灣仔的舊街坊喚醒，顛覆我們對發展的習以為然，以及對規畫的既有理解，啟發我們重新認識社區的概念。

與此同時，沉睡逾十多年的毒菜風波捲土重來，猶如重新爆發的睡火山，震動全港。

多年來，新市鎮導致的社區過客式生活，早出晚歸，造就了連鎖超市的普及、對連鎖超市的依賴，繼而改變我們的生活方式。傳統墟市只能我們提供就地取材、因循時令的產品；超市的產品來源則打破全球地域及季節的界線，這是人類生活史上一大進程，我們從此相信，只要有購買能力，生活便不再受自然環境限制。

這種對超市的依賴，一直是建基於對超市的信任，這也解釋為什麼這次毒菜風波會帶來這麼大震撼。這時，我們才意識到這種依賴的危機，超市雖然讓我們擺脫了限制，但亦等同放棄了對事物認知的爭取。

當時，從太和有機農墟獲得經驗後，我們準備在香港島市區再組織一個農墟。毒菜的恐慌迅速轉化成對「港產」有機蔬菜的支持。這樣，頓時成就了港島農墟的必然性。在灣仔區議會的支持下，我們爭取到灣仔政府合署外面的公共空間做為農墟的場地。

這時，灣仔的街坊提出挑戰發展主導的社區重建價值觀，他們提出另一個版本的香港故事：香港的本土特色、社區經濟及社區網絡。在這樣獨特的時空條件下，讓灣仔有機農墟順勢誕生，並嘗試呈現本土及社區這些核心價值。開幕第一天，一條寫著「支持本土有機農業」的橫幅耀眼地跨越農墟的中心地帶，遠遠向街坊的本土運動致敬！有趣的是，一夜間「新界有機菜」突然易名為「本土有機菜」。

以前，我們只有「地」的概念，沒有「土」的概念。放在香港的發展脈絡上，這一點並不難理解，我們對地的理解非常狹窄，受到房地產發展必然性的潛移默化，甚至形成「地」跟「產」是分不開的概念。因此，過去我們對農的理解相對狹窄，可以說，我們普遍只理解「農產」，並不太認識「農業」。從來我們只有「本地新界菜」，沒聽說過「本土有機菜」。

「土」是地球上的公共財產，支持著萬物的生命。農夫活在土上，洞悉各種生命相互依存的關係；傳統的智慧告訴他們，農業不單是為了滿足人類的溫飽，農業是如何讓我們能夠與萬物共享，是人與自然關係的原點。

儘管灣仔有機農墟只短暫地維持了兩年，但是，它卻為香港農業留下重要的遺產——「本土農業」這個概念的萌芽，它觸發我們重新思考農業與人。這幾年，我們也經常在農業論壇上爭論本土農業的地理定義，糾纏著怎樣才合乎食物里程的本土範圍。慢慢地，我們方意識到，「本土農業」其實是一個關係的概念，而不純是地理的概念。

回想起來，灣仔農墟的啟發，與當時的社區運動一脈相承。街坊反對以地產為本的發展邏輯來重建灣仔社區，希望能夠維護社區原來的關係與網絡。由此衍生出來「本土農業」的思考，讓我們超越了從前對本地蔬菜的市場思維，我們必須透過建立對「土」的認識來理解農業、人與自然關係的原點，可以說，本土農業其實是對關係的認知與尊重。

天星農墟 編織慢生活空間

很長一段時間，坐落香港核心維多利亞港岸邊的天星碼頭，是我們城市生活的地標，占市民生活中重要地位。難怪，二〇〇七年當大家意識到原天星碼頭拆遷的時候，觸動大眾如斯洶湧的心理情緒。

天星小輪象徵八〇年代以前的生活節奏，倚著渡輪攔河搖搖晃晃的情懷，讓人醉心。進入今天的速度社會，卻顯得有點格格不入。二〇一〇年，我們正忙於尋找替代灣仔有機農墟的地點，一天，接到天星小輪公司的電話，船公司的同事說，希望可以在新的中環碼頭辦一個有機農墟。

幾年間，有機農墟意外地成為本土農業精神的使節。從最高的大帽山腳，戰戰兢兢下山，移向維多利亞港海岸線邊際——天星有機農墟；一批一批「土頭土腦」的瓜果菜蔬，構成了中環海濱的裝置藝術。每個星期兩天，仍然守護香港第一產業的一批有機農夫，突破城鄉界線，把我們的鄉郊生活文化，自然而然地呈現於此。有時候，我們會在國際金融中心的下方，散置幾十張小竹椅，與市民分享慢生活的邏輯。

二〇〇四年龍應台提出「中環價值代表了香港價值」的論說，今天，渡海小輪、有機農夫與本土蔬菜，匯合於中環核心的維港海濱，聯合編織慢生活的空間，開放讓市民進入、投入。

落地生根

談到這裡，十年過去，為什麼農業變成社會話題，重新找到新的生長點？

幾年前，曾經聽中國三農問題專家溫鐵軍老師說過，城市人關注農業的原因，是因為感覺到不安全、受威脅。二戰後，美國及西方國家向全世界輸出線性的發展模式，從以農業為本的第一產業，過渡到以金融服務為主的第三產業。但是，美國自己並沒有跟從這條軌跡，他們以大量補貼保護自己的農業，同時，亦推出多種政策保留一定比例的工業。因為，真實的經濟及生活，總是依靠實物的生產。

然而，農業是最為實在的，往往當大家感到生活不安，自然然會想到農業，對比上一次，我在一九九七年金融風暴後也曾看到回歸農業、農耕生活的熱潮。傳統市集的消失，意味著我們失去自主生活的支點。新市鎮後的規畫，把我們生活的時空大大壓縮。架空的生活空間，讓人際關係脫離，社區網絡瓦解，心懸半空而變得浮躁不安。這些年來，我們逆向地試圖透過有機農墟讓大家認識保留農業的意義，透過接觸農業而理解本土生活價值。今天，我們慶幸農業的存在，讓大家可以選擇掉頭往泥土路上走，返回地面過生活，重建內心的安全感。

今天的香港，我們欣然看到，農業的根鑽出泥土，蔓延到城市社區，糾纏人心；農業與社區，相扶相生！

——本文改編自原刊於《落地生根：社區支持農業之甦動》的同名文章

香港
CSA

大埔共同購買小組的靜默革命

文／陳宇輝 社區伙伴項目經理

說到「大埔共同購買小組」由來，每件事情的發生當然有其因緣，但不一定像老掉牙的故事那樣，有什麼桃園結義或怎樣密謀革命。為推動香港本地有機農業的發展，二〇〇二年起，「嘉道理農場暨植物園」（以下稱嘉道理農場）開始舉辦有機大使培訓課程，及其他消費者教育項目。大埔共同購買小組的發起人（包括現任組長啟娟）便是透過參與「有機大使」課程，認識有機農業、土地友善的耕種方式，以至共同購買的理念。

做為有機大使，發起人希望能做到知而後行、實踐有機生活，推動社區居民和農夫建立關係，遂於二〇〇三年在太和婦女中心嘗試舉辦共同購買。及後雖然因雙方對購買小組的定位有不同理解，而於半年後停止運作。但二〇〇四年，有機大使獲仁愛堂大埔運頭塘村鄰里社區中心支持，出借場地，小組得以重新運作，並正式命名為「大埔共同購買小組」。

正所謂鐵打的營盤、流水的兵，十年時間說長不長，說短也真不短，小組既留下了像啟娟那樣從盤古初開撐到現在的中流砥柱，亦有及後加入的新組員及核心義工。春鳳是透過區內另一個消費者組織接觸到大埔共同購買小組，而蓓蒂則是先從媒體認識到食品、本土農業乃至共同購買的討論，及後參與了小組義工工作。

大埔共同購買小組迄今已有約七百人次參與，現今仍有約五十至六十名活躍的組員。要順利分配農友送來的蔬菜，每週四小組都需要八至十名義工到社區中心協助諸如布置場地、收菜分菜及收銀核算等工作。十年下來曾協助小組運作的義工約有五十名，目前的核心義工則有十五人左右。

超前的「蚯蚓」

大埔共同購買小組的網誌沒有什麼花俏的設計，主要用來發布訂菜的消息，管理員在發消息時會順便加一兩句問候，小小組員則列出了五點共同購買理念：

一，建立沒有中間人、直接和透明的買賣關係，讓生產者得到合理回報，消費者得到新鮮而來源可靠的蔬菜。

二，透過集體訂購模式，支持安全生產的本地生產者。

三，提倡生產者與消費者直接對話，建立平等、互相尊重、互相信任和互惠互利的關係。

四，讓消費者了解生產過程，認識有機耕作，明白農產品的質量會因天氣和季節而有參差。

五，尊重大自然，保育生態環境，追求可持續的生活道路。

有些時候，我們會很怕一些「常識性」式的宣講，說了好像等於沒說。但如果換個角度去看：為何這些老生常談的理念還必須透過小組去倡導？難道有人不想支持安全生產的生產者？是什麼原因讓人與人之間的平等互助和互惠互利變得奢侈？人們難道不清楚農產品會隨天氣變化而有差異？以及，不認為人本來就應該尊重大自然嗎？

然而，若我們把小組的理念放回歷史脈絡中審視，亦不得不佩服她們「當年」的遠見。小組走在一起的二〇〇三及〇四年，香港剛從 SARS 所象徵的「集體瘟疫」中舒一口氣，但社會精英卻沒有反思以往的發展路徑為香港帶來了什麼問題，反而因著 CEPA（《內地與香港關於建立更緊密經貿關係的安排》）、開放陸客自由行等政策，初嘗甜頭，將香港又推往新一個「概念股」，為今天香港埋下各樣矛盾的「中港融合X金融地產」的禍根。

其時，農業根本進入不了主流視野，遑論「社區協力農業」，而社會的焦點也多放在民主步伐的爭取上。蘇丹紅、孔雀石綠及蔬菜農藥殘留等食安問題，當時還沒有爆發，意味著市民大眾對生態農業和有機農產品的認可，還是十分有限。

雖然灣仔舊區重建的討論已經引起了一些人對城市發展的關注，但在流行曲《囍帖街》還未播到街知巷聞，還未經歷韓農反世貿示威、天星皇后碼頭抗爭及菜園村運動的二〇〇四年，城鄉關係和本土農業等議題，在香港一直未得到應有的關注。

偏偏就是在這樣「貧瘠」的土壤裡，大埔共同購買小組開始扮演著「蚯蚓」的角色，日復一日，勤勞地把這片土地變得更適合耕種。談起以往的困難，比如消費者對有機種植、有機蔬菜的陌生，或是小組曾一度缺乏訂購的成員而面臨暫停，或是缺少義工去維持每週那看似簡單其實極耗人手的配菜工作，甚至是到今天仍不穩定的場地問題，小組成員說來輕描淡寫，聽眾卻自然能聽出那一步一腳印的努力。

值得注意的是，大埔共同購買小組一直在回應過去十年香港的許多爭論，但某種程度上又靜靜地走在社會討論的前邊。當地產霸權、大集團壟斷還沒有受到足夠重視的時候，小組已提出要建立沒有中間商的、公平的產銷關係；在食品安全還沒有挑動香港消費者的神經前，小組已跨過一般消費者的焦慮，進而尋找可持續的生活道路；當本土論述還沒有成形時，小組已堅定地以行動支持著本地的生產者。

令人敬佩的是，今天我們若斗膽拿著小組在網誌上列出的理念去「檢視」她們的工作，不難發現她們正以每週的實踐，去落實和推動自己的理念。她們與農友相識於農友最困難的時候，因此今天雖然部分農友的農產品已不愁出路，但仍然會確保小組有足夠的蔬菜供應，那關係早已超越了主流市場中冷冰冰的買賣。

雖然初期有不少會員或許只是挑剔、或許是對農友農耕認識有限，甚至只是因為小組的有機蔬菜價格較市場低而加入，但義工仍然堅持在每週的會面、在定期舉辦的農友探訪活動，乃至對外發布的活動訊息時，把有機農業、有機生活的理念傳遞給組員。從大埔共同購買小組身上，我們看到的是滴水穿石。

社區與農業的共生關係

被問及堅持多年的共同購買小組為她們帶來什麼收穫，小組長啟娟的回答在我聽來既謙虛、真實，又令人無比動容：「我想最多收獲的是我，由一個什麼都不知道的家庭主婦，到走出社區，到現在懂得天天用電腦和義工溝通。能有這種不脫離社會的生活，都是透過共同購買的機構實現的。以前在家帶孩子什麼都不懂，也不敢表達，現在，我能有這個組織、坐在這裡和大家溝通，我很感激一直為我帶來幫助的人。」

嶺南大學的教授陳順馨對此的回應是，日常生活與婦女角色有十分緊密的關係，小組的成員、義工和組織者也許從關心家庭健康出發，深入共同購買機構，慢慢地發現了她們與社會和世界的關係。而組織者在維繫小組運作時，某種程度上也是以「養育」的角度為小組勞心勞力。

啟娟、春鳳及蓓蒂也都提到，參與大埔共同購買小組豐富了她們的社交生活，而陳順馨認為，活動一方面建構了很強的社區網絡，包括與社區的連繫以及與農友的支持；一方面則維繫了小組婦女之間深厚的

「姊妹情誼」。

在大埔這案例中，我們見到小組的發起人因著對有機生活的熱忱發起共同購買，但過程中，農戶的角色不是單向的「被支持」，同時亦支持著小組的運作；而因為有機農業，也連帶協助婦女建立起姊妹情誼，參加者走出自己的原生家庭，進入更大的社區網絡，開拓生命經驗。從這角度來看，社區和農業更是相互支持、互惠共生的關係。

重新理解「經濟行為」

陳順馨認為，大埔共同購買小組之所以能夠維持十年之久，原因之一，也許就是因為他們的目標不是做生意，甚至不是為自己的生計，而以清晰理念凝聚了農友及會員的支持。

這擺脫了主流思維對經濟行為的貧乏想像。若我們能將生計、經濟的理解，超越賺取現金而擴展到經營日常生活，那我們就完全可以理解，大埔共同購買小組正是因為它在營運著對生產者及消費者都有利的生意、照顧了生產者及消費者的生計，因此凝聚了農友及會員的支持。

所謂「對生產者及消費者都有利的生意」，其實就是小組一直強調的「建立沒有中間人的、直接和透明的買賣關係，讓生產者得到合理回報，消費者得到新鮮而來源可靠的蔬菜。」這麼有「利」可圖，生意自然能長期營運下去。

小組支持了多個本地有機農場，農友及土地因而得以生產及再生產。對消費者或是小組成員來說，如果我們拋開了主流的經濟論述（如GDP、增長、利潤等概念），而把經濟理解為「解決生活中如柴米油鹽醬醋茶的具體需要」，那小組的運作為組員提供了「價廉物美」的蔬菜，改善了組員家庭的食品質量，增進了組員之間的感情，搭建了社區關係網絡等等，多少人辛勤工作數十載，不就是為了上面提到的好處嗎？

婦女與農業，為反思主流價值注入養分

相較我們耳熟能詳的香港主流對發展的想像，農業所承載的是另一種模式。比如說土地對政府及大財團來說只是地皮，對農夫來說則是世世代代賴以為生的夥伴；比如說城市要終年無休的不停轉動才能產生利潤，而農耕是需要休養生息。

婦女及農業某種程度在主流中也是被邊緣化的一群，而我依稀感到她們之間有很多共通的特性，為我們反思主流價值觀提供養分：養育、愛、強調關係、需要經營，周而復始生生不息，溫柔而充滿力量。

大埔共同購買小組以其貌不揚、溫柔而堅韌的方式保守她們的價值、展示了改變如何發生。在這有時冷酷、經常無情的城市中，她們的存在有如初春的陽光與露水，軟化了我們的心靈，讓我們相信生活可以變得更美好。

——本文改編自原刊於《落地生根：社區支持農業之甦動》的同名文章

中國
CSA

照片出處：愛佳源-亮亮農場／沃土工坊／北京有機農夫市集

中國CSA

沃土有好米

文／陳靖　社區伙伴雜誌《毗鄰泥土香》編輯

週三的下午，廣州番禺官堂村大榕樹下，有兩間拉著卷閘的不起眼的小倉庫，就像我們在無數的城中村見到的那樣。從一扇卷閘開啟的小門進去，左手邊的櫃台旁，「沃土工坊」（以下稱沃土）的成員之一宏平正在稱量著薄荷的重量，瓶子上貼著各式比例和記號——她在調配香草餐桌鹽；中間的大長桌上，整齊地擺放著新鮮的青菜、茄子和另外幾種蔬菜。這是標哥在中山五桂山種的生態蔬菜，昨天剛剛運到，已經通過團購賣出了超過百斤；挨著牆壁排著一溜貨架，有台灣里仁的肥皂、沃土自製的洗潔用品、金盞花工作室的手工護膚品、廣西的紅糖和腐竹、山東禾然有機醬油和來自全國各地的五穀雜糧、乾貨，當然少不了南方人的主食——大米。

廣州沃土工坊（Nurture Land）成立於二〇〇六年，是一個連結小農與消費端的友善平台。最初只是因一群朋友體認到社會許多問題來自資本社會中「城市—鄉村」、「農夫—土地」間的掠奪關係，於是開始推廣「社區協力農業」理念，定期組團到農村考察學習；後來才慢慢轉型為社會企業的經營模式。二〇〇八年，沃土工坊正式建立農產銷售平台，以合理採購價格支持從事有機耕作的小農，也為消費者提供價格合理的健康農產品。

沃土米的堅持

一個堅持：友善耕作

二個原則：支持友善小農、推動健康消費

三個基地：廣東連山魚稻米種植小組、江西稻香南垣生態水稻合作社、廣西横縣陳塘村生態種植合作社

四個種植原則：自留老品種、自制有機肥生態、生態防蟲、無污染環境

選擇沃土米的五大理由：支持小農生計、保護老品種及傳統耕作方式、健康、美味、新鮮

大米的銷售是沃土的重頭戲，負責宣傳工作的阿顏來後，還特意印了一本漂亮的小冊子，這一二三四五就是出自於此。貫穿始終的是「友善」二字，對生態友善、對小農友善、對消費者友善。這不光是沃土米的一二三四五，在整個沃土的運作中，也一直體現著「友善」這個核心價值觀。

沃土的米主要來自三個地方：廣西横縣、廣東連山和江西宜豐。

社區伙伴從二〇〇五年開始在廣西横縣陳塘村推廣生態農業，支持當地以傳統及友善方式耕作，並搭建與城市消費者之間互動的橋梁，發展可持續生計。推廣初期，農戶難免會有對於產量、收入的疑慮；經過多年的探索和與消費者的直接交流，現在他們可以很自信：友善耕種的產量並不低，而且種出來的米口感更好。儘管售價比普通市場上的大米要高，但城市消費者願意為此埋單。横縣米在二〇〇八年開始通過沃土工坊在珠三角地區銷售。

連山，位於廣東西北部，連接廣東、廣西、湖南三省。群山連綿之地，交通多有不便，但亦因此，傳統的農耕文化和技術得以在高速發展的經濟大潮中依然沉積下來，沒有重蹈珠三角桑基魚塘消亡的覆轍。二〇〇九年，沃土工坊在連山尋找到第一個合作農戶阿廣，開始嘗試用稻田養魚的方式種植老品種；二〇

一二年即發展到十個合作農戶。

姚慧鋒曾經是沃土工坊社區支持農業實習生，開朗活潑，是個虔誠的基督徒，沃土的老主顧都很喜歡他。他回到家鄉江西宜豐種出的第一批鴨稻米，二〇一三年三月開始在沃土工坊銷售。

橫縣、連山、宜豐，這三個合作夥伴的建立，也是沃土一步步成長的印跡。同樣在起步時與社區伙伴有著千絲萬縷的淵源，橫縣陳塘成為沃土的合作夥伴似乎順理成章；在連山，沃土邁出了自行培育合作農戶的第一步。一個承繼，一個開拓，實習生慧鋒回家後發起的稻香南垣，已是一種傳承。

基於不同階段，不同緣分建立起來的合作方式自然也不一樣。

廣西橫縣因為幾年前的探索生態農業項目的基礎，合作起來好像水到渠成。但連山的農戶是通過走訪得來的，他們對於社區協力農業、對於沃土，了解都不多。合作初期，他們對於這幾個外地小伙子的信任還沒有建立，種出來的魚稻米能不能賣、能賣多少錢都將信將疑，沃土只能通過預付定金的方式來增加他們的信心。定期的走訪，既是聯絡感情加深信任，也是一種出於對消費者負責的監督。慧鋒是沃土出去的實習生，相互已經建立了足夠的信任：沃土相信慧鋒從選種到種植都一定會堅守對環境對消費者負責的原則；慧鋒相信自己用心種出來的米一定會受到沃土消費者的認可。

類似的情況也發生在沃土與其他農戶的合作。現在小郝每年都要出去幾趟，發掘和考察新的合作農戶。早期以傳統農戶為主，這兩年越來越多的返鄉青年、返鄉中年出現：曾經在深圳經營電子廠，二〇〇九年開始回到張家界的自然農人童軍；桂林雙山自然農場的社區協力農業實習期滿後，回到雲南鶴慶嘗試香草種植提煉精油的雪梅、華南農業大學畢業後回到廣州從化家裡種地養雞的郭銳、曾經任職華為現在回到湖北黃梅老家的知常……，一開始，銷售壓力和家人的不理解是大家共同的困擾。不過，接受過大學教育、經歷過城市生活的他們，也許和土地相守的時日尚短，技術也不如傳統農戶，但堅持下去的心卻更堅定。

慧鋒進入沃土做社區協力農業實習生，已經是大學畢業六年後的事。原來醫藥代理的工作收入不錯，也是父母鄉親眼中體面的工作。可慧鋒並不滿足。不是為了追逐更高的職位更多的收入，而是這樣的工作遠不如回鄉種田帶給他內心的安穩和富足。「我的家鄉山清水秀，土地豐饒，從小我就跟著父母一起種水稻，甚至到了大學期間，每年放假回家，我還是幫父母做田地的活。做農業很辛苦，尤其是水稻雙搶的時候，累得想哭。但是我一直喜歡農業，我的心裡一直有著一個回鄉種田的夢。」二〇一〇年慧鋒剛到沃土時說。夢想照進現實，並不全是陽光燦爛。

主流耕作模式轉為自然農法，考驗的不光是作物，更是耕作者的心。面對比別人黃比別人矮的秧苗，不能放化肥；蟲子來襲，也不能用農藥。只能平靜地面對這一切，靜靜地接受大自然的給予與創造。「對的事情只要你堅持，就能贏得各種幫助，克服各種困難。一年前從城市回來做自然農業，母親天天嘮叨，父親形同陌路，親人的反對，村民的譏笑。一年後，母親不再嘮叨，父親積極的勞作，村民尋問合作。別放棄，別拋棄，堅持就能迎來一片新天地！」二〇一三年五月，欣喜地看到慧鋒發表的這條微博。播下的堅持已經收穫了大家的認可。

尋米，做有種的人

現在市面上的水稻，一般都是雜交品種。雜交水稻比傳統品種水稻需要投入更多的肥料、農藥，耗水也更多。慧鋒說，一斤傳統水稻種子大概人民幣五、六塊，雜交水稻則要去到人民幣三十塊左右，還不能留種。單從種植成本上看，雜交水稻比常規稻種高，容易讓農民出現「增產不增收」的現象。再回到環境成本上，大量使用化肥、農藥，更會對土地資源造成巨大的損耗。傳統品種的水稻，也許畝產不如雜交水稻，但千百年流傳下來，一定是適合當地的氣候和土地條件的。慧鋒用愛農會的口號「要做有種的人」來表達對自己尋找傳統品種的執著。

消費者情感上願意支持生態種植，經濟上也願意支付較高的價錢，可口感不被普遍接受的話，還是難以為繼。在城市工作過的小郝和慧鋒最清楚這一點，一方面，是發掘和保育傳統水稻；另一方面，要在傳統水稻裡面挑選適合消費者口味的品種。農閒的時候，慧鋒就到處打聽，一共找來五個傳統品種。小郝則利用多年來積累的網絡，分別在廣西、廣東找了幾個品種，讓慧鋒試種；小郝還在二〇一三年兩赴江西，一是和慧鋒一起找合作社的農戶交流，給他們吃定心丸，二是到九江一個有二十多種傳統水稻的朋友那裡，尋找合適的品種。

小郝的田園夢

郝冠輝是沃土工坊的負責人，儘管已經是兩個孩子的爸爸了，熟悉的人還是習慣叫他小郝。小郝高中時已確知鄉村生活是自己的理想，大學畢業後成為社區伙伴的第一批社區協力農業實習生。在不斷的嘗試中，小郝雖然沒有回到鄉村，但他的田園夢已以另一種方式實現。這個田園，比他原來夢想中的遙遠，但更廣闊。沃土工坊撥出百分之十的收入做為小農發展基金，為慧鋒、雪梅這些回鄉創業的年輕人提供小額免息貸款，緩解他們啟動時的資金壓力。產品出來後，又以近乎包銷的方式幫他們解決出路。於是乎，慧鋒們得以拋開對產品銷路的顧慮，安心地照顧自己的田地。於是乎，小郝的田園遍布廣東、江西、雲南、湖南……

當食物被當作純粹的商品，僅僅用僵化的標準去衡量時，沉澱其中的人情與天地靈氣也蕩然無存。為追求穩定高效的產出，土地的呼吸可以忽略不計；為追求耕作採收的便利，那就大面積單一種植吧。在經濟發展的大潮中，農業和工廠裡面的生產線沒什麼兩樣。大部分的農民進入工廠生產遠遠超過真實需求的商品，或將土地當作工廠，生產只求經濟效率不求社會效益的食物。不打農藥，不放化肥，不施除草劑，這樣的人在現今農村的日子往往並不瀟灑：人家打牌看電視串門子的時間全都要花在土地上。可是，這樣的農民知道土地的冷熱，知道天地的可畏，知道食物並不只是用來糊口。中國傳統農業的精髓在於小而美的種養結合：家裡的剩飯剩菜可以用來餵豬餵雞，牲畜的糞便可以用來肥沃耕種的土地，收穫的農作物可以當作自己家的口糧，有富餘的還可以拿到集市上交易。沃土工坊堅持以小農戶做為生產的主體，支付高於市場價的合理價格，既是幫助小農過相對有尊嚴的生活，更是對小農友善耕作的認可和感激。

儘管小農生產出來的農產品可能個頭不一，賣相不如商業種植的光鮮，收成時多時少得看老天，每一戶小農可能也有自己的想法，但沃土反而更喜歡這樣的合作。農民都是樸實的，只要你用真誠去尊重，生活上也給他們支持和出路，他們會加倍地用心來回報。直接和小農接觸雖然繁瑣，但從產地到餐桌的距離是最短的。生產者不需要為了長途運輸，在成熟期真正到來之前就採摘；消費者也不需要為層層流通的利潤買單。消費者付出同樣的價格，小農的收入卻提高了數倍。

消費健康 vs. 健康消費

面對城市消費者的工作，不比和小農打交道輕鬆。因為一般城市消費者都具有較高的教育水準，他們和土地和自然的連結可能不太深，但對於營養學、傳播學這些理論卻頭頭是道。要讓消費者信賴，就得比他們更專業。還好小郝本來是農業大學畢業的，農業基礎比較好，加上這些年不斷地學習和實踐，勉強算得上半個「專家」。

出於對食品安全的擔心，有能力的城市消費者願意多花錢去購買安全健康的食品。這幾年來有機食品店越來越多，從店鋪陳設到產品包裝都透著精英階層的味道。可是「健康」的只是農產品本身，規模種植背後的規模養殖、世外桃源般的產地背後的長途運輸、精美包裝背後的廢棄垃圾，都被「有機」「健康」的光環遮在了「背後」。

社區協力農業所推崇的，是在地生產、在地消費的小區域合作方式。健康消費，而不消費健康。沃土工坊是這樣理解健康消費的：一是消費者可以吃到健康的食物；二是鼓勵消費者有計畫的理性購買，不過度消費，不浪費；三是希望消費者關心自身健康的同時，可以關心生態的健康、生產者的健康。定期的下鄉探訪，讓城市消費者真實地參與勞動，也更能體會農人的艱辛，珍惜來之不易的食物。

沃土工坊倉庫裡間的小屋子，是小郝、小譚和阿顏工作的地方。不遠處有一個更大的倉庫，是二〇一二年初租下的，小郭和另外兩個新實習生正在忙著打包分裝。眼下，他們又要尋找新的倉庫，以迎接慧鋒和鄉親們組建的稻香南垣生態水稻合作社今年一百畝水稻的到來。

——本文改編自原刊於《落地生根：社區支持農業之甦動》的同名文章

禾・花・雀・塱原生態農社

新界塱原，是香港少數還未發展、仍維持水田耕種的平原區，生物多樣性豐富；但當地面臨人口老化，加上政府不健全的農業政策，導致塱原人口外流情形十分嚴重。

二〇〇五年香港環保團體長春社獲香港政府「可持續發展基金」計畫資助，針對塱原進行社區、經濟和環境評估，並培力當地社區，希望透過居民參與改善社區環境；二〇一一年成立「禾・花・雀・塱原生態農社」，串連生態、農夫與城市，活化塱原的水田農業，為農夫與生態找到一條新出路。

「禾・花・雀・塱原生態農社」是目前香港最大的稻米復耕機構，一年種植兩期稻作，每年邀請八十位香港市民成為會員，參與不同的農務工序。田間管理委員會定期透過臉書回報田間工作情況，並依不同時節帶領會員認識塱原的生態、農業與友善環境耕種的在地農友。

會員預計每年兩期稻作可收到自家親手種的塱原生態米，並與農友共同承擔農產欠收的風險。透過會員認穀，讓都市居民親近自然生態、親身體驗農村文化，找回人與土地間的連結。

馬寶寶社區農場

新界粉嶺的馬屎埔村曾是香港蔬果的重要產地，過去二十年來因港府提出的新市鎮計畫引來建商財團購地，囤積農地準備大興土木，許多租地耕種的農民不得已離農，放棄經營了幾個世代的家庭農場。

二〇一〇年夏天，一群關心香港永續發展的夥伴與在地居民創立了馬寶寶社區農場，重新復耕因都市計畫而廢耕的農園，以行動喚醒香港民眾正視在地農耕的重要性。

馬寶寶社區農場以實踐永續農業為基礎，定期舉辦農夫市集、農園導覽、工作坊及耕種班，也大力推動社區蔬果共購計畫，讓都市人能夠找回生態、食物與人的信賴與共生關係；透過在地農耕的實踐，邀請市民聽聽不同的農村故事、認識香港這片土地，重新思索對生活的想像。

馬寶寶期待發展出一套在地社區經濟模式，為香港城鄉共生的永續發展樹立典範，同時也希望每個香港人都能開始關心香港的城鄉規畫，一起為保護土地、生態、文化和家園而努力。

菜園村生活館

二〇〇九年香港政府通過廣州、深圳、香港高鐵興建案，決議拆除新界石崗菜園村聚落，此舉引發社會各界關注；許多市民自發加入抗爭行列，認為一味追逐城市發展並非香港未來唯一道路，主張必須考量經濟與生態的平衡，在地居民的意見也應納入發展藍圖中。

二〇一〇年，一群年輕人根據菜園村原有的生活模式，創建了「菜園村生活館」，藉著維護傳統農村鄰里文化的互惠關係，來實驗生態社區的可能性。生活館期望以生態思維打造未來村落概念，鼓勵村民以友善方式耕作，並舉辦活動吸引市民關注農村價值，集結更多力量讓政府聽到人民的心聲。

雖然菜園村最後並未成功爭取到原地原屋保留，但菜園村與生活館的合作經驗讓村民彼此認同情感更加強烈，也讓更多香港市民理解鄉村與在地農業的重要性。

生活館在二〇一一年搬至八鄉謝屋村，目前耕種約三分的農地，夏季種植水稻、冬季種植時令蔬果，期待透過小農耕作的模式，探索香港本地糧食自給的可能、重新建立人與食物的緊密聯繫，從耕作、飲食找回屬於香港人的自我認同。

土作坊

二〇〇七年聖雅各福群會社區發展服務部獲得香港政府支持，以社會企業模式推動一項有機綠色商店計畫。店鋪於〇八年開張，正式命名為「土作坊」，寓意「身土不二」、「根連土地」、「人人平等」、「手作生產」、「街坊共營」等理想，目前已超過三十家店鋪加入。土作坊期待發展出「以社區為本」的經濟模式，透過生產端與消費端的合作互惠，建立綠色公平的產銷網絡。

目前土作坊和香港九家有機農場合作，消費者可定期訂購在地生產的健康蔬果，店內供應多種環境友善的日用品如雜糧穀物、食用油與清潔用品等，還備有多種食物加工設備，因應不同時節製作年節食品如春節年糕、端午粽子、中秋月餅等。

土作坊並推行「時分券」（社區貨幣），嘗試建立一種減少對現金及主流經濟依賴的社區經濟體系。時分券主要在土作坊內部農友、會員間流通，會員可以現金或時分券付費，土作坊收到時分券後，可以用來與農友交易，而農友可以持時分券在土作坊購買生活用品、農用資材或是雇請勞工。

南涌養地人

三面環山的粉嶺南涌地區，擁有香港少見的紅樹林濕地，百年來村民多過著農耕生活。但由於農村資源持續受政商財團侵奪，農漁業式微，南涌地區面臨人口外流的危機。二〇〇九年，菜園村發起「反高鐵運動」後，香港永續農業協會擔心南涌這片好山好水也將不保，因此號召一群理念相同的夥伴，透過買地、租地的方式來保育這塊土地。至今已成功買下四千多平方呎農地、一百一十斗的魚塘和耕地，做為持續生產、生態的基地。

為了更有效率地保育南涌，會員於二〇一二年成立「活耕建養地協會」，希望建設一個以生態農耕為本的生活及教育基地。加入協會後只要每月捐款，就可參與作物的生長耕作流程、擁有蔬果的優先採買權，以及參加協會舉辦的生態導覽、親子工作坊、社區廚房等。

南涌復耕後，現今盛產蓮荷、蓮子、蓮藕、火龍果、檸檬、南瓜、蘿蔔等作物。成員組成十分多元的南涌養地人協會，希望將南涌建造成一個實踐永續農業和生態社區的平台，協助有興趣的朋友在當地租用農地或居所，在南涌從事農耕並生活。

綠耕社會工作發展中心

「綠耕社會工作發展中心」（以下簡稱綠耕）是中國廣東省的專業社會工作服務機構。計畫緣起於香港理工大學與北京大學聯合開授的社會工作碩士班課程，深入雲南少數民族鄉村進行農村社工訪調，在偏遠鄉村嘗試不同社會創新的可能性，以補足農村生活的不便之處。目前綠耕工作團隊在滇、川、粵皆有駐點服務。綠耕協助引進外界資源，培力鄉村人才並進行資源整合。成員體認到，中國近年城市經濟快速發展，連帶造成鄉村出現人口、經濟危機，農村經濟問題是主流社會的發展思維所致，因此開始思索、嘗試連結農村與城市合作的可能性。

綠耕認為現今農村尚保留之傳統農耕、飲食、技藝文化，正是城市居民所缺乏的體驗。食安問題層出不窮，城市居民益發重視飲食安全，若能籌建公平貿易平台，串起城鄉互動，販售鄉村健康、環境友善的農產，不但減少盤商剝削，城市居民的回饋也能支持農民繼續使用傳統、生態友善的方式耕種。

綠耕社會工作發展中心於二〇一一年八月正式註冊成立，目前借助城鄉合作、公平貿易的平台，發展鄉村生活體驗遊、農副產品公平貿易、公平貿易店銷售等專案，穩固城鄉交流。

愛佳源・亮亮農場

來自中國四川農家的唐亮，大學畢業後曾在重慶工作三年，二〇一一年決定辭掉工作為自己的返鄉農耕夢鋪路。唐亮選擇前往「北京小毛驢市民農園」學習農耕，之後並共同籌組「分享收穫」團隊；兩年後他毅然決定返回家鄉四川，成立「愛佳源・亮亮農場」，實踐永續農耕與永續生活。

農場成立至今除提供蔬果配送服務外，也邀請消費者到田間農事體驗，舉辦青年夏令營、打工換宿工作坊等；唐亮除了積極與消費者互動，也用心經營農場與在地社區的連結，舉辦挖紅薯、農場火鍋、燒烤、小電影、聊天會、友善耕作概念分享等活動。此外，唐亮也向社區長者學習木工、傳統料理烹調技術，希望能夠傳承在地的庶民生活智慧。

身為一個返鄉青年，唐亮無可避免遭到村裡親朋好友以異樣眼光看待，村民認為年輕人到城市發展才是正軌，回到鄉村生活就等同倒退、失敗。但唐亮默默耕耘，使得原本消失幾十年的昆蟲、動物漸漸返回田間，朋友、消費者不時到農場參訪讓小村莊街頭充滿生氣，街坊鄰居也因而漸漸改觀，主動到農場與唐亮交流、詢問友善耕種的經驗。友善農耕的討論與認同也逐漸在村裡發酵。

北京有機農夫市集

北京有機農夫市集由一群關注生態農業和三農問題的消費者志願發起，希望能夠搭建產銷平台，讓從事有機農業的農戶能夠和消費者直接溝通、交流，既幫助消費者找到安心的產品，也幫助拓寬市場，鼓勵更多農戶從事有機農業。市集現在以社會企業的形式經營，消費者透過網路了解生產者農場生長狀況，並透過講座、聚餐、農場拜訪等形式傳播可持續農業的理念和實踐，加深消費者和生產者之間的聯繫。

自二〇一〇年九月以來，北京有機農夫市集已舉辦超過百次，直接接觸的農戶超過四十家，而透過市集網絡也間接宣傳了中國各地一百多戶農家；舉辦頻率從每週一次到現在達每週兩次，並設立網路平台與實體站點以連結更多生產者與消費者。

一週兩次的農夫市集除提供平台給小農擺攤、產消雙方聯繫，也會依照特殊節日、傳統節慶來舉辦論壇和活動，如兒童自然教育、親子活動、慶祝傳統節日、特殊紀念日活動。

目前市集已吸引了一批忠實消費者，固定顧客群從一百多人提高至一、兩千人，有時甚至超過四千人。目前市集以新浪微博做為主要宣傳管道，已擁有十萬多名粉絲。同時，北京農夫市集亦協助上海、天津、西安等地農夫市集的成立。

愛農會

對愛農會來說，「土」的，才是最美好的。土生農業指的是運用傳統知識及經驗，不使用農藥化肥，或混有化學添加物的飼料，來種植或養殖傳統土生品種；愛農會相信這才是照顧環境並且永續的農耕方式，也才對鄉土文化和生活有正向的影響。

二〇〇四年，一群城市消費者在廣西柳州成立了愛農會，嘗試以社區協力農業的方式，集結城市需求並尋找適合的農戶參與，為城市人提供無農藥添加的農作物和家禽。他們的工作主要面對兩方面：在農村，鼓勵小農互助合作，發展土生農業；在城市，透過開設餐廳、經營社區農墟等通路，銷售土生農法生產的健康農產品。除了傳統農法、土生品種的保存，愛農會近年來也致力於如土麵條、手作腐竹等傳統食材，和傳統餐具等手工藝的傳承。是中國少見，可以自給自足的組織。

此外，愛農會十分注重年輕人的訓練，二〇〇六年即加入社區伙伴第一期實習生培訓計畫，並鼓勵實習生實習期滿後繼續留任餐廳幹部，或在社區農墟工作，持續參與並推廣社區協力農業。

巷仔口的農藝復興

社區協力農業，開創以農為本的美好生活

Community Supported Agriculture: Revival of Taiwan Rural and Our Table

主　　編　果力文化
協　　力　台灣農村陣線 ・ 社區伙伴
策　　劃　鄧文嫦 ・ 陳宇輝 ・ 林志光 ・ 蔡培慧
出版贊助　社區伙伴
責任編輯　孫德齡 ・ 林寬宏
美術設計　呂德芬
行銷企劃　林芳如 ・ 王淳眉
行銷統籌　駱漢琦
業務發行　邱紹溢
業務統籌　郭其彬
副總編輯　蔣慧仙
總 編 輯　李亞南
發 行 人　蘇拾平
出　　版　果力文化 漫遊者事業股份有限公司
地址　台北市松山區復興北路三三一號四樓
電話　886-2-27152022
傳真　886-2-27152021
讀者服務信箱　service@azothbooks.com
果力 Facebook　http://www.facebook.com/revealbooks
漫遊者 Facebook　http://www.facebook.com/azothbooks.read
劃撥帳號　50022001
戶名　漫遊者文化事業股份有限公司
發　　行　大雁文化事業股份有限公司
地址　台北市松山區復興北路三三三號十一樓之四

初版一刷　2015 年 7 月
初版三刷第一次　2018 年 5 月
定　　價　台幣 380 元
ISBN　978-986-91415-5-0

國家圖書館出版品預行編目 (CIP) 資料

巷仔口的農藝復興！: 社區協力農業，開創以農為本的美好生活 / 台灣農村陣線，社區伙伴等著；果力文化主編．-- 初版．-- 臺北市：果力文化出版：大雁文化發行，2015.07
208 面； 17x23　公分
ISBN 978-986-91415-5-0(平裝)
1. 農業 2. 社區參與
430　　104010731